STATUTS

DE LA

CAISSE GÉNÉRALE

DE

L'AGRICULTURE

Précédés de Considérations

SUR LE PRINCIPE DE L'ASSOCIATION

APPLIQUÉ A L'ORGANISATION DU TRAVAIL

MÉMOIRE

Présenté à l'Académie des Sciences morales et politiques

PAR J. GUIMARD

L'aumône est dégradante et favorise la paresse; le travail des ateliers publics ne présente qu'un triste avenir à ceux auxquels on offre cette ressource; la propriété, si restreinte qu'elle soit, si pénible qu'en paraisse l'acquisition, est le seul but qui excite au plus haut point le courage et la force morale de l'homme.

Page 37.

PARIS

A LA CAISSE GÉNÉRALE DE L'AGRICULTURE

7, CITÉ TRÉVISE

1843

STATUTS

DE LA CAISSE GÉNÉRALE

DE L'AGRICULTURE

précédés d'un

MÉMOIRE SUR LE PRINCIPE DE L'ASSOCIATION

APPLIQUÉ A L'ORGANISATION DU TRAVAIL

Paris. — Imprimerie Panckoucke, rue des Poitevins, 14.

STATUTS

DE LA

CAISSE GÉNÉRALE

DE

L'AGRICULTURE

Précédés de Considérations

SUR LE PRINCIPE DE L'ASSOCIATION

APPLIQUÉ A L'ORGANISATION DU TRAVAIL

MÉMOIRE

Présenté à l'Académie des Sciences morales et politiques

PAR J. GUIMARD

L'aumône est dégradante et favorise la paresse; le travail des ateliers publics ne présente qu'un triste avenir à ceux auxquels on offre cette ressource; la propriété, si restreinte qu'elle soit, si pénible qu'en paraisse l'acquisition, est le seul but qui excite au plus haut point le courage et la force morale de l'homme.

Page 37.

PARIS

A LA CAISSE GÉNÉRALE DE L'AGRICULTURE

7, CITÉ TRÉVISE

1843

PRÉFACE.

Une question avait été posée par l'Académie des sciences morales et politiques; elle touchait par la base aux problèmes dont la solution importe le plus au bien-être moral et matériel des peuples. Il s'agissait de rechercher *quelles sont les applications* pratiques *les plus utiles que l'on pourrait faire du principe de l'association volontaire et privée au soulagement de la misère.* La valeur du prix était de 5,000 francs; la limite du concours, 30 septembre 1842. Cette thèse coïncidait avec un projet que nous avions depuis longtemps conçu, et que nous commencions dès-lors à mettre à exécution; nous livrâmes donc en toute confiance un mémoire qui, sauf de légères modifications, est celui qu'on va lire. Nous étions convaincu, et nous le sommes encore jusqu'à preuve du contraire, que l'on ne saurait trouver à la grave difficulté qui était indiquée une solution *pratique* plus prompte ou plus efficace que celle que nous sommes en voie de réaliser.

En effet, nous avions eu soin de nous éloigner constamment des formes vagues et indécises de la dissertation, sans dédaigner les notions scientifiques, les observations de pure expérience sur lesquelles on peut appuyer une opinion ; nous nous étions appliqué à n'exposer que des vues réalisables, à ne développer que des idées qui pussent passer rapidement dans le domaine des faits.

Malgré nos efforts, le jugement de l'Académie ne nous a pas été favorable ; il nous a enveloppé dans une proscription qui, du reste, nous a été commune avec tous nos concurrents. Nous nous soumettons sans murmurer ; mais nous publions néanmoins notre travail, et le public en comprendra facilement la raison. Comme nous venons de le déclarer, ce n'est pas le concours académique qui nous avait déterminé à formuler, dans l'écrit qu'on va lire, un système sur l'importante question proposée ; c'est plutôt l'obsession persistante et énergique d'une idée qui depuis longtemps était en nous, et sollicitait impérieusement une expression. La preuve de cela, c'est que nous n'avons pas attendu que l'Académie eût statué sur le concours, pour pousser plus loin encore la réalisation de nos vues ; nous avons fondé dans l'intervalle une institution qui confirme aujourd'hui, par des faits accomplis, la vérité de nos opinions, et dont les résultats nous consoleraient, s'il en était besoin, de l'amertume de notre échec académique.

L'idée que nous méditions depuis longtemps, le système qui en était résulté, se rencontraient merveilleusement avec la question posée; voilà pourquoi nous avons brigué les honneurs du concours. Mais on nous rendra sans doute cette justice, de croire que nous n'avions en cela pour mobile ni l'ambition d'un vain triomphe personnel, ni encore moins l'appât du prix quinquennal; nous recherchions seulement pour un projet utile, et que nous étions sur le point de réaliser, la consécration auguste de l'Académie des sciences morales et politiques.

Nous n'avions peut-être pas indiqué assez clairement notre but, puisque nous ne l'avons pas atteint. En lisant ce mémoire isolé du système et de l'institution auxquels il a servi de base, l'Académie s'en sera probablement défié comme d'une utopie, et elle aura rangé l'auteur parmi ces rêveurs dont il serait dangereux d'encourager les idées. Aujourd'hui, nous ne pouvons plus encourir le même reproche; ce que nous exposions comme doctrine, se réalise comme fait, et s'étend progressivement sur tous les points de la France. Il est de notre devoir de n'en rien taire; nous cherchons tous les jours à propager l'institution que nous avons fondée; nous devons initier le public aux travaux qu'elle nous a coûtés, et sans en excepter même le travail que nous avions soumis au jugement de l'Académie.

Toute organisation sociale roule sur deux éléments primitifs : la propriété et le travail. C'est dans l'état plus ou moins normal de ces deux éléments d'ordre et de progrès que se trouve le plus ou le moins de civilisation, le plus ou le moins de bien-être dont jouissent les peuples. En France, la propriété n'est pas exempte de reproches : la concentration un peu trop exclusive au profit des classes privilégiées irrite les esprits inquiets, et devient le prétexte de ces théories erronées, de ces systèmes imprudents qu'on sème dans les âmes souffrantes; le travail n'est pas régulièrement organisé, le travail agricole surtout, qui devrait passer le premier, languit dans une condition obscure, privé de tous moyens de progrès et de développement.

Cette position, doublement fâcheuse dans l'ordre des intérêts les plus élevés, ne saurait se prolonger sans devenir la source d'un malaise toujours croissant dans notre état social : chercher à y appliquer un remède violent, c'était tomber dans les doctrines subversives, les paradoxes audacieux du socialisme moderne, qu'ils appellent communisme, fouriérisme, saint-simonisme, etc., nous nous en sommes bien gardé; ce n'est pas, du reste, dans notre manière de penser, et il nous a paru plus sûr et plus facile d'atteindre notre but par des voies naturelles, et sans précipiter en rien le cours des événements.

Comme ces vieux empires de l'antiquité qui tombaient lambeau par lambeau, la grande propriété se démembre d'elle-même. Chaque jour quelque grand domaine se trouve en vente, et rarement il passe intact dans les mains d'un nouveau possesseur. Ce morcellement fatal est un fait si généralement constaté, que d'égoïstes spéculateurs, sous le nom de *bande noire*, sont depuis longues années constamment à l'affût de ces occasions, et se précipitent comme une nuée de vautours sur tous les nobles cadavres de notre France archéologique.

C'est de ce fait que nous avons voulu nous emparer, afin de substituer au trafic dont il est devenu l'objet une sage et lente reconstruction de la propriété au profit des travailleurs agricoles. Tous les grands problèmes sont connexes entre eux; ils ne peuvent se résoudre que l'un par l'autre. Aussi nous sommes convaincu qu'une répartition plus équitable de la propriété entre les mains de ceux qui sont naturellement appelés à l'exploiter, est l'unique moyen d'encourager les populations des campagnes et de les empêcher d'apporter la concurrence et la perturbation dans les grandes villes; en même temps la propriété se trouverait nécessairement reconstruite sur des bases plus normales. Pour nous, ces deux questions sont étroitement liées; il y a là un nœud gordien avec lequel nous défions les épées de tous les Alexandres.

Le morcellement est un fait constant, on ne peut pas l'empêcher : nous ne l'avons pas provoqué, mais nous l'acceptons pour le moraliser. Puisque la propriété est destinée à se transformer, il vaut infiniment mieux qu'elle se fasse dans un but d'intérêt général et d'organisation que dans un but de spéculation particulière. Il s'agit donc uniquement de s'emparer de ce morcellement, de le faire tourner au profit des classes agricoles, dont le travail se trouvera par conséquent placé dans des conditions meilleures.

Le mémoire développera plus amplement ce système. Nous nous bornons à constater ici que nous offrions à l'Académie la double solution des deux plus graves questions qui agitent aujourd'hui les esprits : la reconstruction de la propriété, et l'alliance du capital et du travail; la première, discutée maintenant avec une telle hardiesse, que ses audacieux partisans ne parlent de rien moins que de changer la face de la société; la seconde passe tous les jours au creuset d'une polémique brûlante où, au nom du paupérisme et du prolétariat, on formule les doctrines les plus hasardées. Trop positif pour nous élancer dans ces horizons semés d'orages, ce n'est que dans le principe fécond et salutaire de l'association volontaire et privée, que nous avions cherché l'application de notre double système de la reconstruction de la propriété par l'organisation du travail. C'était là une application purement pratique, et qui aboutissait directement au soulagement de la misère, puisqu'il ne saurait y avoir de misère quand le travail ne manque pas, et que l'ouvrier peut par ce moyen arriver facilement à la possession. Nous étions donc parfaitement convaincu que nous nous étions strictement tenu dans le sens et les limites du programme de l'Académie; mais il paraît qu'elle n'en a pas jugé ainsi.

Voici du reste, textuellement, le rapport de M. le comte Portalis sur le concours :

PRIX QUINQUENNAL DE CINQ MILLE FRANCS,

Fondé par M. le baron Félix de Beaujour.

(Séance publique du 27 mai 1843.)

« L'Académie décernera, *s'il y a lieu*, en 1845, un prix
« sur la question suivante :

« *Rechercher quelles sont les applications les plus utiles*
« *qu'on puisse faire du principe de l'association volontaire*
« *et privée au soulagement de la misère.*

« Telle était la question proposée par l'Académie pour
« se conformer aux vues qui ont présidé à la fondation de
« M. de Beaujour. Dans un temps où tant d'esprits atten-
« dent de l'association d'immenses améliorations dans le
« sort de l'humanité, il y avait quelque importance à pro-
« voquer des recherches qui donnassent la véritable me-
« sure des ressources qu'elle pourrait opposer à l'action des
« causes qui créent l'indigence. Si la question, ainsi posée,
« semblait confiner les recherches sur un terrain circon-
« scrit, elle avait du moins un sens précis, et s'il fût ré-
« sulté des investigations provoquées par l'Académie, la
« preuve que l'association a tous les moyens désirables d'é-
« teindre des souffrances qui jusqu'ici ont affligé toutes les
« sociétés, on eût été en droit d'en conclure qu'elle répan-
« drait sur l'avenir d'autres bienfaits encore. Mais l'Aca-
« démie a reconnu avec regret que son attente n'a pas été
« remplie. Ce n'est pas que les concurrents aient manqué.
« Vingt-cinq mémoires, parmi lesquels il en est de fort
« étendus, ont été soumis à son examen; mais aucun
« d'eux ne lui a paru d'un mérite assez réel et assez grand
« pour qu'elle pût lui décerner le prix.

« Ces mémoires ont été rédigés sous des inspirations di-
« verses. Les uns, et c'est le plus petit nombre, ne se sont

« écartés en aucun point du sens littéral de la question.
« Leurs auteurs se sont appliqués à constater les causes de
« la misère et les moyens que l'association permet d'em-
« ployer pour la soulager. Aussi, tous leurs efforts n'ont-
« ils abouti qu'à formuler des organisations plus ou moins
« bien entendues, plus ou moins vastes, de bureaux de
« bienfaisance et de charité. Rien de bien neuf ne distingue
« leurs conceptions, et il est au moins douteux que la plu-
« part des innovations qu'ils proposent pussent modifier
« sensiblement les faits existants ou soutenir l'épreuve de
« la pratique.

« D'autres mémoires ont été conçus plus hardiment. Ce
« n'est pas seulement le soulagement de la misère que leurs
« auteurs ont en vue, c'est son extinction totale, c'est la
« réalisation d'un état social à jamais exempt des vices et
« des maux qui, jusqu'ici, ont semé et entretenu l'indigence.
« Ceux-là, en général, ont donné ample carrière à leur ima-
« gination : lois, institutions, mœurs, rien ne leur a paru
« pouvoir former obstacle au succès de leurs vues, et il en
« est qui ne doutent pas qu'avec *un peu de bonne volonté,*
« *les gouvernements pourraient, en un instant, transformer*
« *la terre tout entière en un séjour de paix, d'amour et de*
« *félicité sans terme.*

« Deux choses sont à remarquer dans la plupart de ces
« mémoires, l'une satisfaisante, l'autre éminemment re-
« grettable. Un sentiment de moralité assez élevé, un amour
« sincère, ardent, de l'humanité y règnent, et en même
« temps la science et le respect de ses enseignements y
« manquent presque toujours. Partant de l'idée que tout,
« dans les faits sociaux, est l'œuvre du législateur, et qu'il
« suffirait de quelques lois pour imprimer à ces faits un
« cours tout autre que celui qu'ils ont reçu jusqu'ici de la
« nature même de l'homme, leurs auteurs ont dédaigné
« l'étude des conditions fondamentales de l'ordre social,
« et ignorent souvent jusqu'aux règles les plus simples
« et les mieux constatées de l'économie politique.

« Ainsi, partout est professé le respect du bien de la fa-

« mille, et à peine quelques auteurs ont-ils été jusqu'à avan-
« cer qu'il serait bon d'imposer des restrictions au droit
« d'acquérir et de transmettre la propriété ; mais, en re-
« vanche, *des attaques contre la concurrence, les plans d'or-*
« *ganisation du travail, les systèmes de partage suivant des*
« *proportions déterminées à l'avance, entre les capitaux et*
« *la main-d'œuvre, les exactions des comités chargés de*
« *régler le mouvement des industries, de circonscrire leur*
« *part d'action et de revenu, de distribuer les bras sur tous*
« *les points du sol, de fixer les formes et l'étendue des cul-*
« *tures, tout cela abonde et est présenté avec une confiance*
« *qui atteste combien peu ont été sérieuses les études des*
« *hommes les plus décidés pour une réforme de l'état social.*

« Cependant, l'Académie doit se hâter de le dire, quel-
« ques mémoires sont écrits avec sagesse et réflexion, et
« montrent chez leurs auteurs des connaissances réelles.
« Il en est même qui renferment des critiques ingénieuses
« et profondes des systèmes enfantés par le socialisme mo-
« derne ; mais dans aucun on ne rencontre la haute intelli-
« gence des lois de ce monde, la croyance ferme et réflé-
« chie que les faits accomplis sont la véritable et sûre ma-
« nifestation de la nature même de l'homme, et que c'est
« dans ce qu'ils ont eu de constant et d'universel qu'il
« faut chercher des lumières sans lesquelles on court né-
« cessairement le risque de s'égarer.

« En résumé, le concours n'a pas paru satisfaisant à l'Aca-
« démie, qui a été sur le point de retirer la question, en
« voyant que sur vingt-cinq mémoires aucun ne renfermait
« des vues à la fois *neuves et praticables,* en ne trouvant
« *dans tous que des idées ou connues dès longtemps ou in-*
« *conciliables avec les données de l'expérience et de la raison.*
« *Elle a craint qu'il n'y eût plus de découvertes importantes*
« *à faire en matière de charité, et qu'un nouveau concours*
« *ne produisît pas des fruits beaucoup meilleurs.* Deux rai-
« sons cependant l'ont déterminée à maintenir la question.
« D'abord, plus les questions posées occupent l'attention,
« et ici le grand nombre de mémoires présentés atteste que

« tel est le cas, plus il importe de ne rien négliger pour en
« faciliter la solution. En second lieu, il se pourrait que
« plusieurs des concurrents ne se soient pas sentis assez
« à l'aise dans les limites, en apparence étroites, où le
« programme pouvait paraître les renfermer. Peut-être
« marcheront-ils d'un pas plus ferme et plus sûr en sa-
« chant qu'ils ont toute latitude. *L'Académie n'ignore pas*
« *que parmi les moyens de soulager la misère, les plus ef-*
« *ficaces sont ceux qui tendent à élever les classes pauvres*
« *à une meilleure condition matérielle et morale ;* elle laisse
« donc le champ libre aux recherches, et engage les con-
« currents à prendre d'aussi loin qu'ils le croiront néces-
« saire à la justification de leurs doctrines, le sujet qu'elle
« les appelle à traiter de nouveau.
« Les mémoires devront être déposés au secrétariat de
« l'Institut, le 30 septembre 1844, *terme de rigueur.* »

La première remarque que nous ayons à faire,
c'est qu'il n'y a point eu de prix de décerné, et
que l'on ne promet d'en décerner un en 1845 que
s'il y a lieu. De qui l'Académie doute-t-elle en cette
occasion ? des concurrents, d'elle-même, ou de la
question ? Nous pencherions pour cette dernière
hypothèse ; car nous remarquons encore qu'on a
modifié les termes de ce difficile problème : nous ne
voulons pas parler ici du changement de temps qui
s'est opéré dans le verbe, nous savons trop bien
que le temps change, marche et ne saurait s'arrê-
ter ; il n'y a donc point à s'étonner de la transfor-
mation d'un conditionnel en subjonctif. Mais pourquoi a-t-on retranché le mot *pratiques?* Aurait-on
trouvé par hasard que le principal défaut des travaux
présentés, ou de quelques-uns d'entre eux, fût de

proposer des applications *pratiques?* N'est-ce donc
pas à la manière même dont la question avait été
posée, qu'il fallait attribuer cette tendance de certains
mémoires? En définitive, où trouver des applications utiles en dehors de la pratique? ce serait chercher la réalité hors des faits. Nous croyons donc
que la modification subie par la question est nulle
au fond, et nous nous demandons seulement si
c'est après l'issue de la lutte qu'on peut revenir sur
ses conditions.

Nous ne pensons pas que ce soit à nous que M. le
comte Portalis ait voulu faire allusion en parlant de
certains mémoires conçus hardiment, et qui n'a-
vaient pas seulement en vue le soulagement de la
misère, mais encore son extinction. C'est bien là,
en effet, le but que nous nous proposons d'atteindre
partiellement; mais alors nous ne concevons pas
l'accusation qui suit : on reproche aux auteurs de
ces mémoires, *d'avoir donné ample carrière à
l'imagination : lois, institutions, mœurs, rien ne
leur a paru pouvoir former obstacle au succès de
leurs vues, et il en est qui ne doutent pas qu'avec
un peu de bonne volonté les gouvernements pourraient, en un instant, transformer la terre tout
entière en un séjour de paix, d'amour et de félicité
sans terme.* Nous admirons la grâce avec laquelle
l'illustre premier président de la Cour de cassation
raille ces présomptueux rénovateurs; mais nous
nous plaisons à croire que ses paroles ne s'appliquent

nullement à nous. Nous ne voulons attenter ni aux lois, ni aux institutions, ni aux mœurs, et nous professons au contraire un triple respect pour cette trinité sainte; ensuite, bien que fermement convaincu que les gouvernements ont *beaucoup de bonne volonté*, nous ne les avons point encore placés dans cette dure alternative *de transformer en un instant la terre tout entière en un séjour de paix, d'amour et de félicité sans terme*. Notre esprit ne s'aventure pas dans le champ de chimères aussi érotiques. La terre à laquelle fait allusion, dans ce passage, le spirituel rapporteur, n'existe que dans l'imagination des chansonniers; c'est le pays classique où fleurissent ces mâts gigantesques dont le tour est glissant, et au sommet desquels sont appendus des prix qui affriandent les téméraires. Ces prix-là n'ont-ils pas un rapport avec les prix académiques? Nous ne voulons parler que des difficultés d'y atteindre.

DU PRINCIPE

DE L'ASSOCIATION

APPLIQUÉ A L'ORGANISATION DU TRAVAIL.

I.

Du Principe de l'Association volontaire et privée.

Dans la voie où sont engagées les sociétés modernes, l'association n'est pas une formule qu'on puisse désormais discuter, quant à son principe ; c'est une nécessité d'existence commerciale. Les grandes nations constituées féodalement ont pu jadis négliger ou proscrire ce moyen de prospérité ; mais toutes ont perdu à le méconnaître, et, pendant plusieurs siècles, il est à remarquer que les États les plus florissants ont été ceux qui, dépourvus d'importance territoriale, imaginèrent de se constituer en Europe à l'état de véritable société de commerce, et attirèrent à eux en peu de temps toutes les richesses des autres pays. Les républiques d'Italie et de Flandre, la Hollande, le Portugal et les villes libres d'Allemagne prirent ainsi une importance démesurée, qui ne diminua qu'en raison des changements apportés à la constitution des grands peuples. La révolution d'Angleterre introduisit un principe nouveau dont cette nation profita longtemps seule, et d'où résulte une grandeur commerciale et industrielle qu'on ne peut lui disputer qu'en l'imitant. Ses compagnies ont fondé des empires; ses banques ont lutté contre tous les capitaux du monde; l'Angleterre a usé et abusé de l'association et du crédit sans arriver encore à en épuiser les ressources. Pourtant sa prospérité est une exception et une merveille; les classes élevées en profitent seules, et cette circonstance renferme en elle l'unique menace qui puisse porter atteinte à une telle situation.

La révolution de 1789 a fait plus en faveur de la France : elle a fondé la division illimitée des fortunes et l'égalité complète des personnes; elle a renversé toutes les lois et coutumes féodales qui régissent encore le sol anglais. Il ne nous manque, en effet, pour atteindre et dépasser nos voisins, que de prendre confiance dans des principes et des institutions avec lesquels le temps ne nous a pas encore familiarisés. L'association est toute nouvelle en France; elle date à peine des cinquante années qui nous séparent de l'ancien régime; car, pendant les longues guerres de l'Empire, la prospérité était indépendante des chances d'une position normale. La Restauration fut loin de favoriser l'esprit qui commença à se manifester dans ce sens au retour de la paix, et l'industrie resta longtemps encore abandonnée aux ressources individuelles. Ce n'est donc que depuis un petit nombre d'années, qu'on a commencé à comprendre et à exécuter en grand l'association du capital et du travail. Dès lors ce fut une fièvre, où l'esprit français passa vite d'un fanatisme imprudent à un découragement et à une méfiance trop de fois justifiés.

A n'envisager que le côté moral de cette question, il importe de distinguer entre deux sortes d'associations : l'une qui ne tend qu'à tourner au profit de ses membres, qu'à écraser les travailleurs isolés sous la concurrence d'une coalition de capitaux ; l'autre conçue au profit de tous et réalisant des entreprises forcément collectives, luttant contre la concurrence étrangère, ou bien ouvrant des débouchés nouveaux, des communications immenses, facilitant surtout à l'intelligence des moyens d'action, au travail des ressources inattendues.

La première n'est pas encore très à craindre, dans l'état actuel de l'industrie française ; l'autre mérite toute sympathie et tout encouragement. Nous lui devons les chemins de fer, le gaz, les exploitations de mines, les messageries, les assurances, les banques de crédit, des canaux, des ports, des lignes de navigation, toutes opérations utiles à tous et impossibles à l'individu.

Ainsi donc, sans offrir de graves inconvénients, le principe de l'association devait être considéré, en France, comme une source de prospérité. Cependant, au point où on en est venu, l'association volontaire et privée, la société en commandite semble frappée d'une réprobation absolue; l'abus que l'on a fait de cette institution, a démontré moins peut-être l'imprudence ou la mauvaise foi des tentatives, que le vice ou les lacunes de la loi destinée à les régler. En effet, il fallait s'attendre à ce que les fondateurs, exploitant toute la latitude qui leur était laissée, fissent valoir surtout, comme principaux éléments de succès, la réduction des salaires, la puissance du monopole légal, et bâtissent pour ainsi dire leur prospérité sur l'accroissement des misères publiques. Il est rare qu'une collection d'intérêts ne parvienne pas à se soustraire à certaines conditions morales que l'individu se verrait contraint de respecter; le procès célèbre des mines d'Anzin a révélé des actes qui se sont reproduits trop souvent dans des conditions pareilles. Une société attire des ouvriers spéciaux de toutes les parties de la France, par l'appât d'un salaire élevé; leur offre des moyens d'établissement, les engage dans une certaine série de dépenses locales, les encourage à s'attacher par mille liens au lieu même où ils travaillent; puis, quand elle les voit enchaînés par des dettes, par des avances, par quelques minces parcelles de propriété acquises sur la foi d'un long séjour, la société réduit progressivement les salaires, spécule sur la nourriture, sur les loyers, et rend bientôt la position des travailleurs insupportable autant qu'impossible à changer. Désormais serfs de cette glèbe, esclaves en dépit des mœurs et des lois, les ouvriers se voient réduits à la révolte; et les juges, bien instruits du mal et de ses causes, ne peuvent alors que les plaindre en les punissant.

Jusqu'au moment où les faits ont été connus, personne assurément n'avait pensé que l'association deviendrait un instrument d'oppression; on était plutôt fondé à espérer que la réunion de plusieurs capitaux fournirait les moyens d'exécuter de grandes entreprises, d'ouvrir des travaux considérables qui apporteraient naturellement des moyens d'existence à la classe pauvre; mais certaines sociétés ont renouvelé fréquemment ces abus déplorables, que la loi n'a pas été moins impuissante à réprimer. Cependant ces misères, dont l'association est la cause, n'ont fait qu'appeler la pitié stérile des moralistes; le mal qui frappe l'institution dans son existence et dans son avenir tient à la méfiance que de nombreux sinistres ont répandue parmi les possesseurs de capitaux : tout le monde en sait l'origine. Des combinaisons imprudentes, hâtives; des calculs exagérés, de fausses énonciations de valeurs, une concurrence gigantesque dans des spécialités restreintes, souvent l'entreprise cédée, après de brillants débuts, à des sous-exploitants avides; l'inintelligence d'administrateurs rétribués quoi qu'il arrive, leur indifférence pour une réunion d'intérêts où souvent ils n'ont nulle part; tout cela remplaçant l'activité, l'intelligence, l'économie, l'ardente volonté de l'industriel qui travaille pour lui seul, devait ruiner des spéculations même indispensables, même entourées des plus sûres prévisions. Disons plus, il y a dans le caractère de notre nation quelque chose qui précipite, qui dissout, qui gaspille à plaisir les idées neuves et fécondes, acceptées par un petit nombre d'esprits hardis, exploitées par les plus adroits, incomprises de la masse souvent, ou poussées à des conséquences excessives.

Ainsi nous avons vu nous échapper d'abord les plus hautes inductions du génie moderne, telles que les banques, la vapeur, les chemins de fer, qu'il a bien fallu adopter plus tard pour soutenir la concurrence de l'étranger. Ne nous y trompons pas, c'est encore là ce qui nous presse, ce qui rend indispensable une prompte détermination; peuple industriel et agriculteur tout à la fois, nous ne pouvons lutter ni contre l'Angleterre, ni contre l'Allemagne, en ces deux qualités. Nos douanes, armées de prohibitions énormes, sont les gardiennes d'un triste monopole, celui de l'impuissance et de la stérilité. Si les vêtements qui nous couvrent, les instruments de nos travaux, de notre défense, une partie même des matériaux de nos habitations nous sont vendus moitié plus cher qu'en Angleterre ou en Belgique; si les bestiaux et les céréales sont chez nous d'un prix deux fois plus élevé que de l'autre côté du Rhin, il faut convenir que la classe pauvre a tout droit de réclamer des mesures qui changent cette situation; d'autant que ce n'est certes pas à l'incapacité des industriels et des agriculteurs français qu'elle peut être attribuée, mais, nous l'avons dit, à la difficulté qu'on éprouve à opérer en France l'alliance bien calculée du capital et du travail.

C'est un grand malheur quand les capitaux oppriment la propriété, le commerce, l'industrie d'un pays; quand l'usure se déguise sous mille formes d'intérêts, d'escompte, de commission, de dividendes exagérés, de frais souvent fictifs, d'obligations renouvelées, et que les bénéfices d'une exploitation légitime sont absorbés par de telles nécessités. En présence d'une dette hypothécaire de douze à treize milliards [1] qui grève la propriété foncière, trouvera-t-on exagérées nos craintes pour l'avenir? et croit-on que l'industrie, qui offre moins de sûretés, n'ait pas plus à souffrir encore? Le remède, on l'a indiqué mille fois, c'est l'association comprise et constituée d'après des principes d'institution et de prévoyance qui rassurent de part et d'autre les intérêts alarmés.

La concurrence illimitée, est la réaction confuse de l'esprit de liberté moderne contre la rigueur du monopole et du privilége de l'ancien temps; l'état

[1] Rapport d'un des membres les plus éclairés de la Chambre, M. Ducos, député de la Gironde.

de concurrence absolue, de laisser-aller et de laisser-faire, est un état de révolution par lequel il a été bon de passer, mais qui ne peut avoir d'autre durée. Dans l'ordre féodal ou dans le système des gouvernements absolus qui régit encore la plus grande partie de l'Europe, tout se tient, tout est conçu selon une prévision arbitraire, mais disposée toujours à se rendre compte du sort de tous : le privilége est accordé à quelques-uns, mais à la condition d'intéresser les autres à sa conservation, en leur procurant du moins les moyens d'existence, sinon le bien-être et la possession. C'est ce qui explique l'attachement des populations intérieures de certains pays à un régime qui semble dirigé contre elles. La pauvreté peut régner chez des nations gouvernées ainsi, mais elles ne connaissent pas l'affreuse misère, la déception, la ruine, qui sont le produit d'une liberté mal comprise, où les priviléges ont changé de nom.

Cependant, suffit-il de se plaindre d'une position sans remède, d'un avenir triste à prévoir? Entraînés dans une fausse voie par l'exemple d'une nation voisine, par les sophismes de ses économistes, par les apparences d'une prospérité qui n'était fondée que sur la ruine des autres peuples, nous avons méconnu les véritables sources de notre richesse nationale. L'appât d'un salaire grossi par une concurrence imprévoyante a attiré dans les villes, groupé vers certains centres principaux, une grande

partie de la population des campagnes ; les travaux
pénibles, mais fortifiants de la culture ; l'avenir
modeste, mais assuré du paysan ; le bonheur de la
famille et de la propriété ; tout cela n'a pu lutter
contre la perspective de l'aisance et du bien-être de
quelques-uns, exposé à tous comme une certitude.
L'habitude, l'espérance, une sorte de vanité atta-
chée à la position de l'homme des villes, empêchent
un retour souvent possible encore, et retiennent
dans l'inaction et la misère une multitude souvent
dangereuse, toujours à plaindre comme victime de
l'imprévoyance sociale.

Si la liberté du commerce et de l'industrie a des
résultats favorables en somme à l'accroissement de
la richesse publique, si la lutte qu'elle permet d'établir avec l'étranger est une nécessité de notre temps,
si enfin l'organisation du travail n'est qu'une utopie
impossible et qui risquerait de tourner en monopole
et en contrainte, pourquoi, du moins, ne cherche-
rait-on pas à établir une diversion propre à réparer
le mal causé par des spéculations sans limites, où
la loi n'intervient que pour constater la ruine, sans
moyen de la prévenir ou de la réparer ?

Dans les pays soumis aux coutumes anciennes, il
est impossible de passer d'une position dans une
autre, à moins de fournir les preuves d'une apti-
tude et d'une instruction particulières qui veulent
de longues préparations. Avant de se résoudre à
abandonner la terre qui le nourrit pour entrer dans

la carrière douteuse des métiers et des professions, l'homme a le temps de réfléchir et d'apprécier toutes les chances de l'avenir; une branche d'industrie vient-elle à s'encombrer, tous sont avertis que de nouveaux bras sont inutiles. Les conditions de séjour dans une localité sont subordonnées aux ressources de travail qu'elle peut fournir; des associations facilitent la migration des travailleurs d'un endroit à un autre, et dans le cas d'un chômage trop prolongé, les ouvriers qu'on ne peut occuper sont renvoyés aux travaux de la campagne, qui ne manquent jamais : là encore, souvent la vanité ou l'habitude ne peut se plier à ces conditions, et l'émigration étrangère devient une nécessité dont même les gouvernements facilitent les moyens. C'est ainsi que la France se voit encombrée d'un excédant de travailleurs souvent très-habiles, qui font concurrence aux nôtres au nom des principes dont la réciprocité nous est refusée.

Rien de pareil chez nous; tout individu peut quitter sa commune, sa famille, et après un apprentissage fort superficiel, se dire ouvrier; puis, à la faveur d'un moment de travail, prendre rang parmi tant de bras que le premier revirement industriel viendra réduire à l'inaction. Le plus souvent, les militaires qui ont fait leur temps, c'est-à-dire la meilleure partie de notre jeunesse française, enlevés pendant tant d'années aux travaux de la campagne, habitués aux séjour des villes, encouragés par l'exemple à tenter la fortune, où quelques-uns parviennent, apprennent un métier, et sont perdus désormais pour la vie de campagne, qui ne peut leur offrir les séductions de l'autre. Croira-t-on qu'il soit possible d'y revenir après une épreuve manquée, le plus bel âge perdu en efforts stériles, la santé affaiblie, souvent des dettes contractées, des frais d'établissement risqués, ou pis encore, quand la misère enlève même la possibilité d'un déplacemet? Non. Pour remédier à une situation si triste et si commune, il importe que la société ait recours à des institutions nouvelles, que l'on ne peut attendre du gouvernement, et dont il faut bien, en effet, que l'association volontaire et privée se charge de jeter les bases au profit d'elle-même et de tous.

C'est en présence du triste tableau qu'offre en Angleterre le sort de la classe ouvrière; c'est après les avertissements que nous ont donnés à nous-même tant de symptômes de malaise, de danger, qu'il faut présenter un remède non pas seulement à la misère des individus, mais à l'appauvrissement du sol, au délabrement de la propriété foncière. Longtemps nous avons pu nous faire illusion sur les chances de l'industrie et rêver la conquête du monde à la suite de l'Angleterre; aujourd'hui il faut reconnaître que, grâce à la paix, la plupart des nations ont fondé des établissements industriels qui suffisent à leurs besoins, et que notre commerce n'a ni le génie ni les moyens d'expansion de celui de nos voisins. La production des matières premières sera toujours la plus sûre ressource d'un pays, et celle des fruits de la terre fait seule l'aisance et la tranquillité des peuples à demi sauvages. Le jour où l'agriculture pourra offrir une ressource aux blessés et aux vaincus de l'industrie, cette dernière elle-même acquerra sans doute une existence plus régulière et un développement plus sûr : les bras ne lui manqueront jamais, certes, tant qu'elle pourra les occuper ; tandis qu'ils manquent à la terre, vers laquelle rien ne les appelle ou ne les encourage à demeurer.

En effet, les produits de l'exploitation agricole sont loin d'être aussi brillants que les salaires même incertains des villes : le simple travailleur ne peut gagner assez, le fermier court des chances pires qu'ailleurs, ou se trouve trop fortement grevé par le propriétaire ; il ne tient pas à améliorer une terre qui lui échappe au bout d'un temps ou dont la plus-value ne fera qu'augmenter son loyer. Il faut le sentiment de la propriété pour se résoudre à des privations, à un travail pénible, à un séjour plein d'isolement et d'ennui ; mais aussi ce sentiment est tellement puissant qu'il retient des millions de malheureux sur un sol arrosé de leur sueur et ne gagnant pas le cinquième de ce que reçoit le plus mince ouvrier. Le paysan de la Bretagne et de l'Auvergne se passe de viande et souvent de pain ; il est vêtu d'habits grossiers, se reposant sur la terre nue; mais il se sent chez lui et ne se lasse pas de remuer un champ qu'il tient de ses pères et veut laisser à ses enfants. Cette position pauvre et indépendante, pénible et enviée par le prolétaire industriel, comment y parvenir sans argent, sans crédit? Le premier venu peut ouvrir une boutique, fonder un établissement qui mettra en mouvement beaucoup de capitaux, se procurer des marchandises presque sans garanties, sans enquête, sans condition de capacité; mais veut-il acquérir un bien, une terre où son travail pourrait seul opérer, dont l'exploitation se fera à la vue de tous, et qu'il ne peut ni dissiper, ni gâter, ni faire disparaître, il lui faudra trouver de l'argent comptant, ou se soumettre à des conditions onéreuses, à des emprunts dont les intérêts absorbent les bénéfices : rien enfin ne l'encourage à tenter une exploitation difficile, sans guide, sans conseils, sans moyens d'exécution. On va comprendre dès lors tout le bien qui se produirait, si l'on trouvait un moyen d'employer d'une manière fructueuse tous les bras que le découragement et la misère réduisent à l'inaction. Ce n'est pas seulement par le contraire de ce qui arrive, c'est-à-dire la migration des villes dans les campagnes, que l'on arriverait à un résultat précieux pour l'humanité, c'est encore en retenant dans les communes une foule de malheureux auxquels il ne manque qu'un peu de secours pour acquérir, quelques aisances pour améliorer, les moyens enfin de pouvoir travailler pour eux-mêmes avec des chances d'avenir. Ce que ne peut faire le propriétaire qui veut et qui est pressé de rentrer dans ses fonds, ce qu'on ne peut attendre du prêteur avide, qui abuse presque toujours de la situation du pauvre, une association qui aurait les capitaux dans les mains et le temps devant elle, pourrait le réaliser avec des moyens de surveillance et de contrôle qui échappent à l'action individuelle : c'est ce que la CAISSE GÉNÉRALE DE L'AGRICULTURE, que nous venons de fonder, est appelée à faire.

Nos moyens répondent à deux points importants : l'extinction progressive de la misère, et la destruction de ses causes les plus communes. La misère n'est pas un fait dont la société soit fondée à ne pas s'inquiéter : la France était autrefois partagée entre quelques milliers de possesseurs nobles, qui, s'ils disposaient d'une propriété complète et d'un pouvoir souverain, devaient toutefois la nourriture et des moyens d'existence à tous ceux qui dépendaient d'eux ; de quel droit la société moderne se croit-elle dégagée du devoir de faire vivre tous ses membres, ou du moins ceux d'entre eux qui ne se refusent pas au travail ? Le privilége, aujourd'hui, c'est la richesse, et comme elle se transmet par héritage comme le droit féodal, elle est menacée toutes les fois que la misère devient impossible à supporter. La taxe des pauvres, en Angleterre, n'est autre chose que la reconnaissance de cette situation, et l'on sait

combien elle est loin de suffire à calmer les souffrances d'un peuple qui ne peut guère trouver à
vivre que dans l'industrie. Si les choses n'en sont
pas à ce point en France, c'est que la terre n'y est
plus possédée que par une seule classe de propriétaires incommutables, et qu'elle offre encore des
ressources jusqu'à présent trop négligées ; toutefois,
si les choses allaient longtemps telles qu'elles sont,
le paupérisme en France n'aurait rien à envier à
celui d'outre-mer, que cette même taxe des pauvres
qu'il faudrait bien un jour faire supporter à la
propriété.

Tout se porte vers l'industrie, bras, capitaux,
intelligence ; seule l'agriculture est isolée, on pourrait dire déshéritée des avantages qu'on prodigue
aux autres branches de production ; un encouragement dérisoire de huit cent mille francs contraste
avec tant de millions dévolus à l'industrie et au
commerce. Si l'aide gouvernemental doit manquer
aux cultivateurs, qui peut empêcher du moins de
faire appel aux capitaux en leur faveur, en démon-
trant, comme nous le ferons sous le double point
de vue de la théorie et de la pratique, qu'il y a
intérêt des deux parts à résoudre ce problème social? Nous nous attacherons à indiquer les moyens
d'atteindre à ce but en n'usant que des ressources
de l'association volontaire, c'est-à-dire que s'il y a
dans cette question une affaire d'humanité, il faut
aussi qu'il s'y présente une spéculation avantageuse

aux intérêts de ceux qui possèdent; car c'est ainsi seulement que peut s'exercer l'action privée en dehors de toute protection officielle et publique.

II.

Association pour l'extinction de la misère.

L'association dont nous venons de parler est en pleine activité depuis plus d'un an; c'est une véritable compagnie d'économie publique, faisant appel aux capitaux, pour l'achat des propriétés foncières, et aux travailleurs, pour leur exploitation et leur acquisition progressives. D'un côté, un placement avantageux pour l'argent; de l'autre, une certitude de travail et de propriété croissante; le capital venant au secours du travail, le travail faisant fructifier le capital, voilà le résultat qu'on peut atteindre par cette institution.

Le capital engagé dans cette entreprise offre des garanties sans exemple dans le commerce et l'industrie, et, chose assez rare aujourd'hui, les intéressés ne peuvent jamais, dans l'administration des affaires, perdre de vue leurs intérêts. *Le gérant s'est interdit tout maniement de fonds :* ce sont les comptoirs de banque ou les notaires de la Société qui sont les dépositaires des versements, et lui ne peut en rien percevoir sans justifier de l'application des sommes au payement d'acquisitions immobilières; il en est de même des rentrées, dont il ne saurait être autorisé à garder plus de vingt mille francs ès mains : ce dernier chiffre a été calculé d'après les frais nécessaires à l'exploitation de toute entreprise. De cette manière, *le gage ne peut échapper aux actionnaires; il subsiste toujours, soit dans l'immeuble libre de toutes charges, dans des contrats privilégiés, ou dans les fonds déposés dans les banques et qui ne peuvent en être retirés que sur demande* MOTIVÉE, pour être employés en acquisitions nouvelles. Cette marche est la seule adoptée par la Compagnie, parce qu'elle offre des garanties incontestables, qui ne pourraient être modifiées que par des garanties supérieures, s'il était possible.

Les grandes propriétés sont encore nombreuses en France et d'une vente malaisée; le morcellement est pénible dans la plupart des localités et nécessite les plus grands frais; celles même d'une importance moindre ne trouvent que difficilement des acquéreurs payant comptant ou à peu près; une publicité étroite, qui ne s'étend guère au delà de la localité et contre laquelle souvent la spéculation conspire, ne permet pas à tous ceux à qui ces propriétés conviendraient, de faire concurrence aux gens du pays. Bien des fois les ventes sont forcées et se font à tout prix, dans des moments défavorables ou devant un trop petit nombre d'acquéreurs. Profiter de cette situation, c'est en même temps l'améliorer; une société comme la nôtre, établie au centre de la France, groupant des intérêts multipliés, avertie toujours à temps par des acquéreurs qui ne manqueront pas de venir lui offrir la préférence, et préparée à traiter au comptant, achètera avec avantage et vaincra presque partout la concurrence, tout en augmentant les profits qu'en doivent espérer les vendeurs. Détruire les sociétés dites *bandes noires locales*, en faveur d'une institution dont tout le monde doit profiter, c'est assurément un premier bienfait qu'on ne peut méconnaître.

D'un autre côté, cette situation est radicalement mauvaise ; car il y a une quantité de propriétaires nécessiteux, accablés par l'usure, ayant besoin de vendre et qui n'osent pas le faire connaître, dans la crainte de nuire à leur crédit s'ils ne trouvaient pas d'acquéreurs ; la Compagnie étant connue de tout le monde, on s'adressera discrètement à son représentant avec la persuasion que l'affaire sera bientôt conclue, si elle présente quelques avantages.

La revente des propriétés acquises par la Société de cette manière, soit en entier, soit par parcelles, doit produire ainsi l'intérêt et le bénéfice qu'on doit attendre d'une spéculation largement faite et qui repose de toutes parts sur des valeurs incontestables. Nous pensons qu'il est aisé d'en justifier les moyens ; prenons pour point de départ une propriété d'une valeur estimative de cent mille francs. Il est rare qu'un particulier ou même deux puissent se trouver en mesure de payer une telle acquisition au comptant; on ne peut douter que dans une vente volontaire, la Compagnie n'obtienne un avantage d'un dixième, représentant deux années d'intérêt ordinaire de l'argent. Une fois l'acquisition faite, la Société divise la propriété selon les circonstances; l'expérience démontre ici qu'en revendant aux voisins, avec facilité de payement, on peut non-seulement retirer la valeur estimative de la propriété, c'est-à-dire cent mille francs, mais encore réaliser un bénéfice de 20 p. %, pour adopter l'appréciation la plus modérée.

Mais à côté de ces avantages presque assurés se trouvent des inconvénients qui arrêtent une partie des spéculateurs; ce sont les non-valeurs, c'est-à-dire certaines parties qui ne sont à la convenance de personne, soit à cause de la qualité, soit à cause de la situation (l'expérience constate qu'un spéculateur qui n'a qu'un dixième de non-valeurs a fait un bon marché); c'est encore la perspective d'attendre longtemps pour se défaire avantageusement de telle ou telle partie moins recherchée, et de perdre ainsi l'avantage qu'a procuré l'achat au comptant. Si donc l'on perd d'un côté un dixième par les non-valeurs, et, par l'attente et la perte des intérêts, un autre dixième, le bénéfice d'une acquisition très-favorable se trouverait anéanti ou presque réduit à rien.

Ici se présente l'avantage d'une association dont le but n'est pas seulement d'enrichir les capitalistes,

mais de présenter une solution à la question du chômage et de la misère.

Ces non-valeurs qui resteraient incultes, ces propriétés qui risqueraient de rester longtemps en
jachères, c'est-à-dire un tiers peut-être de chaque
acquisition, nous les concédons en toute propriété à
des familles peu fortunées, moyennant un système
d'annuités dont nous donnerons plus loin les conditions. Si, pour en revenir à cette première hypothèse, la Société doit, par le morcellement, se procurer un bénéfice d'un tiers sur la somme qu'elle a
exposée, c'est le bénéfice tout entier qu'elle consa-
crera à préparer à la classe pauvre des moyens d'existence et d'affranchissement : soit donc une somme
de quatre-vingt-dix mille francs employée; elle se
verrait représentée par une rentrée égale et par
trente mille francs de bénéfices en plus de créances
privilégiées sur des valeurs foncières.

Nous savons qu'il ne suffit pas de jeter ainsi un
homme ou une famille au milieu d'une exploitation,
pour penser qu'ils s'en tireront d'une manière avantageuse; il faut d'abord de l'intelligence et de la
moralité, ensuite des outils aratoires, une habita-
tion, des animaux pour les engrais et la culture;
tout cela, nous le savons, est indispensable : mais
la Compagnie y pourvoit par un bail à cheptel et
par l'aide apportée aux constructions nécessaires.

Ce plan ne peut soulever aucune objection, aucune
crainte, aucun doute; l'expérience de plus d'une

année ne fait que fortifier, s'il est possible, les espérances que nous avions conçues. C'est une question éminemment pratique, qui résout le problème du paupérisme de la manière la plus satisfaisante pour tous ; l'aumône est dégradante et favorise la paresse ; le travail des ateliers publics ne promet qu'un triste avenir à ceux auxquels on offre cette ressource : la propriété, si restreinte qu'elle soit, si pénible qu'en paraisse l'acquisition, est le seul but qui excite au plus haut point le courage et la force morale de l'homme ; c'est à l'aide de cette perspective que les serfs du xive siècle se sont affranchis de l'opprobre autant que de la misère. A part la question de dignité humaine, le pauvre est encore le serf de notre époque ; il a droit de se racheter à force de travail et d'intelligence ; il a un droit imprescriptible sur toute la terre qui n'est pas mise en valeur ; l'amener à en jouir, sans attaquer en rien la constitution actuelle de la propriété, c'est satisfaire à toutes les conditions de la prospérité matérielle et de la stabilité politique du pays.

Dans l'état actuel de notre organisation sociale, on se demande à chaque instant comment il se fait que la qualité de père de famille, qui devrait être pour la classe des malheureux travailleurs une source de fortune et de prospérité, devienne le plus souvent un titre à la commisération publique.

Est-il rare, en effet, de voir un homme ayant élevé plusieurs enfants tomber dans un état de misère extrême, de voir l'épuisement de ce chef de famille augmenter en proportion de l'âge et des besoins de ses enfants, jusqu'au jour où, ses dernières ressources étant épuisées, et à mesure qu'ils acquièrent la force de travailler, ils désertent le toit où est la misère, pour aller chercher une condition momentanément meilleure? N'est-ce pas un affligeant spectacle, que celui d'un père n'ayant pour toute récompense des soins qu'il a prodigués si longtemps à ses enfants, que la misère et l'abandon, réduit à passer ses dernières années dans une maison de mendicité et à s'éteindre tristement sous les voûtes d'un hospice? Si on l'interroge sur les circonstances qui l'ont mis dans ce triste état, il répondra qu'il a élevé une nombreuse famille; cela dit tout. Et ses enfants, où sont-ils? loin de lui. L'un est domestique, l'autre est bûcheron, pâtre ou journalier; tous vivent au jour le jour, sans bonheur pour le présent, sans espoir, sans consolation pour l'avenir, sans ressources qui leur permettent de reconnaître ce que leur père a fait pour eux.

Si ce même homme eût été le sujet d'un État barbare, il aurait obtenu une certaine quantité de terres, en proportion d'abord de sa force, ensuite de l'accroissement de sa famille; il aurait pu occuper chacun de ses enfants selon son âge et s'en faire peu à peu des serviteurs, puis des associés : ainsi tous auraient assuré leur aisance en augmentant celle de l'État.

La société moderne, qui offre à l'homme des ressources d'une autre sorte, n'a pu donner au travail une stabilité pareille; la culture du sol est inépuisable, l'exploitation du commerce et de l'industrie sont soumises à mille chances imprévues et venant en général du dehors; l'industrie tend de jour en jour à se passer des bras, la terre les réclame de plus en plus. Mais, sans l'attrait de la propriété, sans la certitude d'un avenir au moins supportable, quelle raison peut empêcher cette migration continuelle des campagnes vers les villes, qui entraîne ici la réduction des salaires, les chômages et les coalitions; et là l'abandon de la terre, les jachères, l'infériorité du bétail, et par suite la cherté pour tous des objets de consommation?

Comment, en effet, le cultivateur non propriétaire pourrait-il résister aux séductions qui l'appellent dans les villes? ne voit-il pas chaque jour l'ouvrier devenir maître, s'établir, trouver du crédit, s'enrichir en peu d'années? Rien de pareil pour le paysan; il n'a que ses deux bras, et ne peut, comme l'ouvrier, décupler, centupler ses forces par l'intelligence, l'adresse ou la supériorité de l'exécution. Dans la position la plus ordinaire, l'ouvrier gagne trois et même cinq francs par jour; le cultivateur, un franc, un franc cinquante centimes tout au plus. Y a-t-il là quelque chose à économiser pour devenir propriétaire? non. Il faut donc tenter de rappeler les travailleurs aux travaux agricoles, ou leur fournir une espérance, une certitude d'avenir qui les engage à ne les point quitter.

Ici se présente une objection fort grave que nous avons écartée un instant. Une partie des économistes a voulu soutenir que la petite culture est défavorable à la production de la terre, ou du moins entraîne une dépense beaucoup plus grande de mise en œuvre; cette opinion ne nous paraît pas soutenable, aujourd'hui que l'expérience l'a condamnée non moins que le jugement des hommes spéciaux. Il est inutile de rappeler les raisons par lesquelles on a fait justice d'une opinion qu'une seule classe de la société a eu intérêt à répandre; mais on sait aujourd'hui que plus il y a de grandes propriétés, moins il y a de productions et plus il y a de perte pour l'État.

Cependant, on remarquera ici que nous n'entendons pas parler du morcellement tel qu'il existe dans les environs de Paris : un hectare d'un côté, deux hectares de l'autre; celui-là est déplorable et tendrait infailliblement à affaiblir la France. Nous travaillons en vue de la propriété modérée, pour soustraire la petite à son impuissance et la grande à son oisiveté; et le résultat de tout cela, c'est l'amélioration et le perfectionnement de la culture. En favorisant le travail agricole, nous allons nécessairement l'accroître et par là amener le défrichement de ces landes, la fécondation de ces jachères qui sont la plaie du sol.

La grande propriété est toujours mal cultivée,

bien que les procédés mécaniques ne lui manquent pas; les engrais, les bras, les soins prodigués dans la petite culture lui seraient trop coûteux à obtenir : aussi laisse-t-elle un grand nombre de jachères dont l'existence est funeste à tous, puisqu'elles laissent la terre improductive.

La petite propriété, au contraire, est d'une activité incroyable; sa terre est cultivée comme un jardin, et même, par la culture à la bêche, elle obtient une récolte double ou triple relativement. Mais quel est le grand propriétaire qui emploiera l'argent qu'il faut pour faire produire à ce point chaque partie de ses possessions? Il serait loin de retirer de cet emploi de ses capitaux ce que lui rapporterait la rente ou l'industrie. Nous l'avons dit, le désir d'acquérir de quoi vivre et de posséder d'une manière stable, invite le pauvre à des efforts que dédaigne le riche ou qu'il ne pourrait suffisamment payer. D'un autre côté, le gouvernement pourrait-il obliger les propriétaires à ne point laisser leurs terres en chômage? les difficultés seraient grandes. Comment, en effet, pourrait-on contraindre un propriétaire à mettre tout à la fois en culture; je ne dis pas toutes ses terres labourables, mais seulement les deux tiers? Plusieurs raisons s'y opposent : d'abord, c'est que les bras manquent, au prix du moins où la culture pourrait rapporter un bénéfice suffisant; ensuite, on sait qu'il y a impossibilité de faire produire sans un long chômage les terres auxquelles on ne peut fournir d'engrais tous les deux ou trois ans. Or, la difficulté est là. Les jachères sont donc la conséquence forcée des grandes propriétés ; détruisez ces dernières par le morcellement, à mesure qu'elles seront à vendre, et on verra que l'énergique sollicitude du petit propriétaire en saura tirer le double ou le triple de leur valeur actuelle. Cela est tellement vrai, qu'il serait curieux de voir un tableau représentant la valeur de la propriété foncière avant la première révolution, comparé avec la valeur actuelle. Je suis certain que cette valeur a doublé, comme elle doublera encore à mesure qu'il y aura une répartition du sol plus équitable entre les travailleurs.

Quand nous disons que les jachères sont la conséquence de la grande propriété, nous ne posons pas un terme absolu. Il y a deux sortes de grandes propriétés : les premières, les terres des anciens nobles, qui forment encore une grande partie du sol de la France, ou les grandes propriétés qui sont passées successivement entre les mains des riches bourgeois qui font cultiver par des colons partiaires ou en grand ; c'est là seulement que sont les jachères.

Les secondes, les grandes propriétés possédées par de riches paysans, cultivateurs de père en fils ; ceux-là n'ont jamais de jachères : ils bornent leur spéculation à améliorer toujours l'héritage qu'ils reçoivent et qu'ils transmettent, et les fruits d'une longue expérience tendent absolument à tout mettre en valeur, à ne laisser jamais de terres improductives.

Là existe l'alliance précieuse du capital et du travail,
si difficile à obtenir ailleurs; là aussi tout satisfait
aux conditions voulues par la nature et par la société, et personne n'a le droit de rien réclamer
d'une prospérité qui, quoique relative à quelques-
uns, tourne cependant au profit général.

La bourgeoisie des villes, qui achète par vanité
ou pour la plus grande sécurité de ses fonds, qui
n'habite les champs que par plaisir ou par économie, produit surtout les fàcheux résultats dont nous
nous plaignons. C'est à son insouciance, et souvent
à son dédain pour l'agriculture, qu'est dû le triste
état d'une vaste partie du sol français; c'est aussi
cette classe de la société qui se récrie le plus contre
le morcellement et qui a inspiré à certains économistes tant de vaines déclamations. Ce système ne
prévaudra pas; mobile désormais, par suite de nos
institutions libérales, la terre est destinée à changer
de mains, elle doit passer forcément dans celles du
véritable cultivateur; la bourgeoisie rurale est une
anomalie, et, par la seule force des choses, elle se
verra obligée à vendre ou à mettre sérieusement ses
propriétés en rapport.

III.

Constitution d'Annuités pour faciliter aux malheu-
reux les moyens de devenir Propriétaires.

L'association dont nous venons d'indiquer les

bases et le but définitif, ne peut agir sans un capital d'au moins vingt à trente millions ; encore cette somme serait insuffisaute, si la compagnie n'avait pas adopté un mode de *billets-contrats notariés*, qui lui permet de transporter *sans frais* son privilége de vendeur à des tiers, et de renouveler ainsi son capital plusieurs fois dans la même année, lors même qu'elle l'aura aliéné par un crédit de 10, 15 et 20 ans [1].

D'un autre côté, la Société opère sur une grande échelle pour pouvoir lutter avec avantage contre la concurrence locale. Placée au centre des intérêts nationaux, elle représente partout au même instant l'acheteur, qui a besoin de choisir et qui ignore la plupart des occasions, et elle favorise en même temps le vendeur, victime presque toujours d'une publicité restreinte.

Si la misère n'a rien à voir d'ordinaire entre ces deux intérêts, le système d'annuités qui est indiqué ici lui fait une part immense, et lui restitue tous les droits qu'elle peut réclamer avec justice. Pour qu'un projet d'amélioration du sort de la classe pauvre ne soit pas une utopie impraticable et par conséquent inutile, il faut démontrer aux autres parties de la société un avantage évident à lui être favorable. C'est pourquoi le plan que nous avons conçu joint à la certitude d'une spéculation avantageuse la réalité d'un bienfait.

[1] Cette intéressante question va être traitée séparément.

La spéculation est évidente : elle est heureuse, selon toute probabilité ; elle est morale, puisqu'elle assimile le travail du pauvre à l'argent du riche, et en admet l'escompte immédiat. Elle détourne à l'avantage général une industrie qui n'était décriée que comme profitant à des intérêts égoïstes ; elle tend à faire affluer vers la culture des capitaux et des bras dont le commerce et la fabrique peuvent se passer désormais ; personne dès-lors n'aura le droit de se plaindre du manque de travail, puisque le travail de la terre est le premier état de l'homme valide, et présente même aux plus faibles, aux enfants, aux vieillards, une foule d'occupations accessoires produisant au moins de quoi subsister.

L'émigration vers l'Amérique, qui attire une si grande partie des populations de la Suisse, de l'Allemagne, même de notre Alsace et des Pyrénées, et dont les frais de transport équivalent déjà au prix d'une acquisition modeste, s'arrêterait, nous n'en doutons pas, devant une institution pareille, qui rattacherait des malheureux au sol de la patrie, et leur donnerait à coloniser des contrées entières où la terre ne produit pas le quart de ce qu'ils en pourraient tirer. Pourquoi irait-on chercher au loin ce qu'on peut se procurer à la porte de son village ? la migration dans l'intérieur de la France n'est-elle pas préférable à l'expatriation ? A l'heure qu'il est, nous raisonnons avec l'autorité de l'expérience, et les nombreuses demandes qui nous sont chaque jour adressées, sont la meilleure preuve que nous avons été compris par les populations agricoles.

Nous avons parlé des quarante mille soldats libérés chaque année, et conduits la plupart à embrasser des métiers et à venir encore faire concurrence aux travailleurs des villes. Ceux-là qui hésitent à se remettre au pouvoir d'un maître, seraient heureux, sans doute, de pouvoir gagner un établissement solide au prix de l'ordre et du travail, et d'assurer à leurs enfants un héritage que le plus grand nombre d'entre eux n'ont point reçu de leurs parents.

Nous venons de raisonner dans la supposition que nos acquéreurs ne pourraient tout d'abord disposer d'aucun pécule ; mais il est évident que certain nombre d'entre eux pourront payer une partie du prix d'acquisition, ou encore s'acquitter en peu de temps au moyen de rentrées ou de successions qui leur surviendraient dans un temps donné. Ces derniers pourraient prévoir, jusqu'à un certain point, leur avenir, et même se faire garantir de manière à pouvoir traiter d'acquisitions importantes ; mais nous continuons à raisonner surtout dans l'hypothèse d'une misère absolue, puisque c'est à cette question mise au concours par l'Académie, que nous avons cherché à répondre d'une manière satisfaisante lorsque nous avons déposé ce travail.

Le principe des annuités offre aux hommes de bonne conduite, qui ont foi dans l'avenir, une source de bien-être auquel ils ne pourraient prétendre dans l'état actuel des choses. Ainsi, dans l'ensemble des combinaisons et des opérations, toutes les ambitions légitimes seront satisfaites. Nous venons de dire qu'on pourrait concéder sans difficulté à qui apporterait un petit capital suffisant pour garantir les frais d'expropriation, si elle était nécessitée par inconduite. Quant aux concessions d'annuités réservées à la classe pauvre, il est évident qu'elles ne pourraient être faites au hasard ; mais quand la notoriété publique désignerait des hommes sans reproche, de bons pères de famille, apportant en garantie une existence irréprochable, il est probable qu'on n'aurait à craindre ni la dévastation de la propriété concédée, ni le défaut de payement des annuités, et en cas seulement de sinistres imprévus et constatés, la Société, qui peut attendre, et dont le gage principal ne court aucun risque, reculerait d'une année au plus l'annuité courante.

Mais ne craindrait-on pas que le pauvre, attiré par le désir d'acquérir et de laisser quelque chose à sa famille, ne s'engageât imprudemment dans une spéculation dont il ne pourrait pas se tirer ? La cupidité peut l'entraîner à acheter trop cher, et la compagnie elle-même peut se laisser aller au désir de réaliser de grands bénéfices.

Pour répondre d'une manière satisfaisante à cette question, qui est grave sous plus d'un rapport, la Société a décidé qu'il serait formé un tribunal de conciliation, où les intérêts de l'acquéreur seraient représentés par le maire de la commune du lieu où serait située la concession ; les intérêts de la compagnie, par son directeur particulier. Le juge de paix du canton présiderait et tiendrait la balance ; de cette manière, si le concessionnaire n'arrivait pas à se libérer, la moralité de la compagnie n'aurait pas à en souffrir.

Du reste, on ne peut craindre ce dernier résultat, la concession n'étant qu'un démembrement de la grande propriété, se composant de terrains en quelque sorte vierges et par conséquent susceptibles d'un grand rapport. Il est reconnu, en outre, que celui qui cultive par lui-même, produit plus du double de celui qui fait cultiver par autrui[1]. La culture à la bêche même, qui, dans la grande propriété, peut être considérée comme un procédé arriéré, est, pour le petit propriétaire qui ne songe pas à épargner la peine, un moyen d'arriver à une production très-supérieure[2].

On peut ajouter encore, sans crainte d'être contredit, que l'industrie qui consiste à élever des animaux, celle du laitage, de la basse-cour et autres,

---

[1] Aujourd'ui la culture a fait tant de progrès dans certaines contrées, qu'on voit des fermiers, dans la Touraine, acquitter le prix de leur fermage avec la vente d'un seul produit, comme la graine de trèfle.

[2] Il suffit de consulter des gens de la campagne pour savoir que le blé produit de cette manière, sans offrir peut-être un plus grand nombre d'épis, les donne beaucoup plus beaux et surtout plus pesants. Ces grains rendent à la mouture le double des autres, comme aussi la pesanteur double également. Ce procédé est usité en Auvergne.

que le cultivateur sait joindre au produit du sol, rapporte quelquefois autant que le sol lui-même. Nous avons fait pressentir que ce résultat serait obtenu au moyen du bail à cheptel consenti par la Société, s'il devient nécessaire.

Le travailleur placé dans ces conditions, se libèrera d'autant plus facilement, que pour l'agriculture il n'en est pas de même que pour l'industrie. Lorsque les ouvriers deviennent vieux ou infirmes, ils tombent entièrement à la charge de leurs familles; à la campagne, au contraire, les enfants, les vieillards, tous concourent au bien-être commun. Dans cette situation, il arrive toujours que la fortune augmente en même temps que la famille se multiplie et avance en âge.

En résumé, l'importance du revenu accroissant de jour en jour celle du fonds productif, il est certain que le cultivateur pourra en peu d'années se libérer de ses obligations, tout en s'assurant pendant cet espace de temps la subsistance nécessaire.

Quel nombre d'années indiquer pour cette libération? Ici les conventions doivent évidemment varier selon les ressources de l'acquéreur, ou selon l'espérance que ses forces ou son intelligence lui donnent d'exploiter avec avantage. Rien n'empêcherait assurément des hommes habiles et bien famés d'arriver à améliorer rapidement leurs lots, à faire exécuter des constructions, des travaux de marnage ou des prairies artificielles, qui, tout d'un coup, doubleraient la valeur de la concession qui leur serait faite, et leur permettrait de s'acquitter en très-peu d'années. Rien n'empêcherait encore la formation d'associations de travailleurs liés ensemble par un traité, et dont les uns mettraient leurs bras au service de l'expérience ou de l'intelligence spéciale des autres.

Les colonisations américaines peuvent indiquer divers modes d'exploitation applicables à notre projet; mais la Société se bornerait à laisser ces spéculations privées : son rôle ne doit consister qu'à préparer des moyens d'acquisition et de travail, à élargir le cercle des opérations légales, et à garantir les intérêts qui lui seront confiés, d'une part, contre l'avidité, de l'autre, contre l'imprudence et la mauvaise foi.

Les concessions d'annuités qui forment le principe de la compagnie sont donc destinées exclusivement aux travailleurs sérieux, décidés à exploiter eux-mêmes. Achetant en grand au comptant, elle revendra au détail et en partie à termes; voilà tout le mécanisme de ses opérations. La dernière peut offrir trois combinaisons différentes.

1°. Reventes avec partie comptant, et pour le reste, dix années de termes payables en dix annuités.

2°. Reventes avec ou sans à-compte, quinze ans de crédit, payables en quinze annuités, dans lesquelles pourront se confondre les intérêts.

3°. Reventes à vingt ans de crédit payables en vingt annuités.

Nous avons dit qu'aux acquéreurs de cette dernière catégorie, la Société pourrait faire un bail de cheptel qui leur fournirait des engrais, et les moyens de mettre la propriété concédée convenablement en valeur. Ces reventes seraient faites comme nous venons de l'indiquer plus haut, entre les travailleurs agréés par la Société comme présentant de suffisantes garanties morales. On voit que tout ici favorise le pauvre; il ne peut rien perdre, ni son temps, ni son travail; car dans le cas même où l'incapacité, la maladie ou une certaine série de causes désastreuses le forcerait à se défaire de sa propriété, la plus-value que son travail y aurait apportée serait appréciée d'après la fixation établie par le tribunal de conciliation, et il lui en serait tenu compte, à moins que par une vente publique il n'en pût tirer encore des avantages plus grands. Au contraire, la dévastation de la propriété ou son appauvrissement est peu probable, et pourrait, en tous cas, être prévenu par une surveillance facile dans les conditions où la Société se trouve placée, et de la manière dont son organisation administrative est dirigée.

IV.

Conclusion.

En nous rendant compte des termes posés en tête

de ce travail, en cherchant à indiquer la possibilité d'une association destinée au soulagement de la misère, nous n'avons dû parler que de la misère laborieuse et non des malheureux que leur vieillesse et leurs infirmités recommandent à la bienfaisance publique. Le devoir de l'État envers ces derniers est mieux compris que jamais aujourd'hui, et il est à désirer que les ressources affectées à ce but pieux s'agrandissent de jour en jour ; mais, évidemment, la position des pauvres valides est ce qui préoccupe le plus le gouvernement et le public, depuis que l'exemple terrible de l'Angleterre nous donne à réfléchir sur notre avenir même de nation industrielle et commerçante. C'est à ce point seulement que l'association volontaire et privée qui nous occupe tend à porter remède ; car les associations destinées au soulagement des hommes faibles et souffrants existent en grand nombre et sous des formes que l'État seul peut régler.

Nous pensons avoir défini suffisamment le genre de misère auquel il convient d'appliquer notre institution, laquelle résulte en partie de la tendance de l'industrie à se passer des bras de l'homme, et en partie de l'excès de la concurrence qui engage une foule d'existences dignes d'intérêt dans des spéculations imprévoyantes.

« On produit trop ! » Voilà le cri de nos hommes d'État, impuissants à réprimer un mal qui en contient un pire ; mais ce qui est vrai pour l'industrie serait bien faux pour l'agriculture, où l'on ne produit pas assez évidemment. Renvoyez donc au travail de la terre ces bras qui produisent trop pour le luxe ou pour un but d'utilité restreinte, et vous aurez résolu le problème, si vous le faites sans porter atteinte à la liberté.

Quelques hommes bien intentionnés se sont occupés, dans ces derniers temps, de créer des banques spéciales, pour venir au secours de l'agriculture. Cette pensée, toute bonne qu'elle est, doit être néanmoins considérée comme tout à fait impraticable; car ce qui fait le succès des banques, c'est l'agiotage : le prix marchand des espèces métalliques à 5 ou 6 p. % est non-seulement un taux beaucoup trop élevé pour la propriété; mais si l'on considère que les conditions du change, de l'escompte, de la *commission* et de la circulation doublent ordinairement cet intérêt, on se convaincra facilement que ce serait là le plus redoutable fléau du propriétaire. Ce qui tue la propriété, ce qui la grève dans des proportions exorbitantes, c'est l'usure; si, pour la sauver, on lui applique un remède pire que le mal, c'est le moyen de la tuer tout à fait. Une banque agricole, qui voudrait véritablement justifier son titre, ne pourrait pas, *sans être ruineuse,* prêter à plus de 5 p. % *tout compris;* mais comme le banquier n'est autre chose qu'un intermédiaire entre le prêteur et l'emprunteur, bénéficiant sur l'un et l'autre, il en résulterait qu'il ne voudrait pas se charger d'une mission sans profit pour lui-même, d'autant plus que les capitalistes veulent faire rapporter à leurs fonds un taux égal à celui que nous venons d'indiquer. Un établissement créé en vue de venir en aide à l'agriculture, par des avances de fonds, est donc un rêve dont la réalisation est tout à fait impossible.

Il n'y a donc qu'un moyen sûr, à nos yeux, pour venir au secours de la propriété foncière; c'est d'y apporter des capitaux, d'y attirer les bras et d'y multiplier les transactions. La démocratie est passée depuis quelque temps dans nos mœurs, elle est dans nos institutions; pour que la France soit véritablement prospère, il faut qu'elle passe dans les fortunes. Rien n'a été tenté jusqu'à présent pour atteindre ce but; nous venons le faire avec confiance, dans l'espoir que les esprits généreux sauront nous comprendre et nous prêteront leur appui.

Dans cet exposé rapide, nous avons appelé l'attention sur trois points principaux : la nécessité de rappeler aux travaux utiles et fortifiants de la campagne, les ouvriers des villes, dont le nombre excède les besoins de l'industrie, et, d'un autre côté, d'empêcher la migration continuelle des populations rurales vers les centres commerciaux et manufacturiers; ensuite, nous avons signalé l'existence des terres incultes et surtout des jachères, résultat des grandes propriétés, comme fatale aux intérêts de l'État, aux progrès de l'agriculture, et constituant une sorte d'attaque à la subsistance de tous; enfin, nous offrons un moyen de résoudre cette double question par l'association volontaire et privée, et d'attaquer ici la misère dans ses sources et dans ses effets.

Les intérêts de la propriété étant aujourd'hui

solidaires de ceux des classes pauvres et laborieuses, nous avons cru les garantir mieux encore en créant un office intermédiaire, qui assure de vendre avec avantage comme d'acheter avec facilité; qui mette fin au trafic des marchands de biens, dans l'intérêt des vendeurs et des acquéreurs; opérant au grand jour, offrant à ceux qui possèdent peu la possibilité d'acquérir tout d'un coup ce qu'ils se jugent capables de mettre en valeur; aux prolétaires eux-mêmes, aux prolétaires surtout, la certitude de devenir immédiatement des membres utiles et indépendants d'une société qui n'acceptait que leurs services; appelant enfin, par des avantages évidents, à un placement sûr, toujours représenté par des valeurs foncières, les capitaux prodigués aux spéculations chanceuses de l'industrie; en réalisant enfin, sous tous les rapports, une institution philanthropique garantie par des intérêts, ce qui est le seul moyen d'échapper au danger des utopies impuissantes. Si la spéculation trouve une grande part dans la mise en œuvre de notre pensée, elle n'en assure que mieux *cette alliance tant rêvée du capital et du travail*, reposant ici sur une base inébranlable. Solliciter la terre à produire, c'est créer la richesse là où elle n'est pas; forcer les ressources de l'industrie, c'est au contraire l'anéantir là où elle est.

Établie sur une vaste échelle, maîtresse d'agrandir ou de restreindre ses opérations selon les circonstances, appuyée sur un fonds social immobilier ou sur des contrats privilégiés qu'aucun désastre ne peut atteindre, l'association que nous dirigeons deviendra un organe puissant dans la civilisation moderne. Si l'institution des caisses d'épargne a produit quelque bien en faveur des populations manufacturières, comment n'accueillerait-on pas une institution analogue, où l'accumulation des épargnes futures serait livrée immédiatement au travailleur courageux, sans aucun danger de dissipation ou de perte, mais avec mille chances d'améliorations progressives? Désormais une société constituée ainsi, loin de se plaindre de l'excès de travail et de production, comme on le fait ailleurs, pourrait dire au peuple : Produisez, rivalisez d'intelligence, d'efforts et d'industrie; rachetez-vous de la misère comme on se rachetait jadis de la servitude; vous êtes sûrs d'ajouter par le travail à la valeur des terres que nous vous concédons, et dès lors l'incommutabilité vous est assurée. Ayez courage, puisque désormais vous pouvez prendre confiance dans l'avenir. Hier vous étiez au service des autres; demain, ceux qui seront moins intelligents ou moins actifs que vous seront au vôtre : ainsi sera atteint le but de la liberté moderne, qui ne veut plus qu'éteindre et transformer pacifiquement les priviléges du passé.

NOTICE

SUR LA

CAISSE GÉNÉRALE DE L'AGRICULTURE

COMPAGNIE D'ÉCONOMIE PUBLIQUE.

CONSEIL DE SURVEILLANCE.

MM. Paul ROYER-COLLARD ※, professeur à la Faculté
de Droit;

A. BOSVIEL, avocat à la Cour royale;

A. ROUXEL, ancien négociant, administrateur du
bureau de bienfaisance du 6ᵉ arrondissement;

HÉBERT, propriétaire, ancien notaire;

N....

Quelques mots sont nécessaires pour faire comprendre l'esprit et la portée de l'institution dont on va lire les Statuts.

Une chose dont tout le monde est frappé et qui alarme les économistes, c'est l'état de stagnation et d'atrophie où l'agriculture languit au milieu des développements si rapides de toutes les autres branches du commerce et de l'industrie. Et comme de l'état des choses dépend toujours le sort des personnes, tandis que le négociant, l'industriel, l'ouvrier, s'ils sont laborieux et habiles, vivent aisément de leur travail et parviennent même ordinairement à la fortune, le cultivateur, au contraire, loin de s'enrichir, s'épuise et se consume, sans pouvoir y vivre, dans un labeur stérile et ingrat dont il détourne le plus qu'il peut ses enfants. De là le découragement, l'émigration toujours croissante des populations agricoles dans les grandes villes, où leur entassement engendre cette concurrence effrénée qui, ruinant à la fois le maître et l'ouvrier, porte la perturbation dans toutes les industries.

Les principales causes de ce déplorable état de l'agriculture sont : l'éloignement des capitaux, qui sont l'âme de toutes les industries ; le nombre encore si considérable des grandes propriétés, qui sont généralement si mal cultivées et si peu productives ; la nécessité où se trouve la majeure partie de la classe agricole, qui ne possède rien, de cultiver pour autrui et d'abandonner aux propriétaires du sol la meilleure part des produits.

Faire affluer les capitaux vers l'agriculture ; activer le morcellement trop lent des grandes propriétés, le meilleur et le plus sûr moyen d'en améliorer la culture et d'en faire disparaître les jachères, qui en sont la plaie ; donner enfin à tout cultivateur le moyen de devenir propriétaire, ce serait donc appliquer au mal un remède topique.

C'est ce qu'est appelée à faire la *Caisse générale de l'Agriculture*. Ses moyens sont aussi simples qu'ingénieux, et le succès en est certain.

Elle offre à ceux qui ont peu de capitaux le moyen d'acquérir par annuités de dix, quinze et vingt ans ; elle fait des baux à cheptel pour faciliter la culture et l'engrais des terrains concédés. Et, pour que le principe des annuités, si fécond en bons résultats pour les classes laborieuses et, partant, si attrayant pour elles, ne puisse jamais devenir un appât dangereux et une cause de ruine ; pour rassurer les esprits que cette crainte pourrait préoccuper, la Compagnie a résolu de faire fixer, dans ces cas, le prix des ventes par un tribunal composé du Directeur particulier de la Société, du Maire et du Juge de paix de la situation des immeubles vendus. Cette garantie est de nature à dissiper toutes les inquiétudes.

Mais, comme toutes les entreprises vraiment philanthropiques, la *Caisse générale de l'Agriculture* n'est pas seulement une institution éminemment sociale, c'est encore une excellente spéculation.

Et d'abord, aucune chance à courir, aucune perte possible. Toutes les opérations de la Compagnie consistant dans l'achat et la revente des propriétés, les fonds seront toujours *représentés et garantis en immeubles, en contrats privilégiés ou en argent déposé dans les comptoirs de banque :* c'est, on le sait, le placement le mieux assuré ; car quoi de moins variable dans sa valeur, quoi de plus fixe dans son existence, que la propriété ? N'est-ce pas prendre une base immuable pour ses opérations ? Une telle entreprise ne renferme-t-elle pas en elle-même le principe de la réussite ?

Voilà pour la sécurité. Quant aux bénéfices, ils sont certains, ils sont considérables. La Compagnie,

se présentant à toutes les ventes et offrant d'achete
au comptant, écartera presque partout la concur
rence, et sera toujours assurée d'un avantage d'au
moins dix pour cent, terme moyen. D'un autre côté
la revente en détail permettra de réaliser facilement
l'expérience le constate, un bénéfice de vingt à trent
pour cent. C'est donc un bénéfice total de trente
quarante pour cent, sans préjudice des avantage
qu'assure le système des annuités, combiné de ma
nière à faire disparaître toutes les non-valeurs, l
plaie des spéculations de cette nature.

Ainsi, la *Caisse générale de l'Agriculture*, dont le
titres ne reposent ni sur un brevet d'invention, n
sur un privilége accordé, ni sur rien d'éventuel
réunit à la sûreté des placements hypothécaires de
bénéfices considérables et assurés, comparables
ceux que peuvent produire les plus belles opération
industrielles.

Le Gérant n'a rien négligé pour ajouter encor
à la confiance que cette entreprise doit inspirer à se
co-intéressés. Il n'a créé à son profit ni titres, n
primes, ni traitement; son sort est attaché au succè
de la Compagnie, et ce n'est que dans les bénéfice
qu'elle réalisera qu'il trouvera la rémunération d
ses travaux.

Les fonds sont versés, non pas entre ses mains, mai
dans celles des notaires ou banquiers de la Société.

Toutes les garanties imaginables sont accumulée
dans les Statuts, et les attributions combinées d

l'assemblée générale et du Conseil de surveillance doivent inspirer aux intéressés la plus complète sécurité.

La souscription des titres n'entraîne pas l'obligation d'en débourser immédiatement la valeur. Les appels de fonds ne se feront qu'au fur et à mesure des acquisitions et dans la proportion des développements de la Compagnie.

Appuyée sur un fonds social considérable et que *rien ne peut compromettre*, maîtresse des achats qu'aucune concurrence ne peut lui disputer, la *Caisse générale de l'Agriculture* étendra incessamment ses opérations sur une vaste échelle, et, tout en rendant d'éminents services à la classe agricole, elle réalisera des bénéfices immenses.

En résumé, c'est une combinaison heureuse que celle qui aura pour double résultat d'améliorer le sort de la population agricole, en lui fournissant du travail et en créant à son profit la petite propriété, et de donner à ceux qui consacreront leurs capitaux à cette œuvre utile des bénéfices considérables et certains.

CONSEIL JUDICIAIRE DE PARIS.

MM. A. A. CARETTE, avocat aux Conseils du Roi et à la Cour de cassation ;

GRÉVY, avocat à la Cour royale ;

N...., avoué de première instance ;

HUET, notaire ;

LAN., agréé près le Tribunal de commerce.

CAISSE GÉNÉRALE DE L'AGRICULTURE

COMPAGNIE D'ÉCONOMIE PUBLIQUE.

ACTE DE SOCIÉTÉ.

Par-devant M⁰ HUET et son collègue, notaires à Paris, soussignés,

A comparu

M. Jean GUIMARD, licencié en droit, demeurant à Paris, cité Trévise, 7 (faubourg Poissonnière);

Lequel, voulant former une Société pour l'achat et la revente des immeubles avec les combinaisons ci-dessous détaillées, a fixé comme il suit les Statuts de cette association.

Nature, but, siège et durée de la Société.

ARTICLE PREMIER. — Une Société est formée par ces présentes entre M. GUIMARD et les personnes qui adhèreront aux présents Statuts par la souscription des titres qui vont être créés, comme il sera dit ci-après.

ART. 2. — Cette Société est en commandite.

M. GUIMARD sera seul Gérant responsable.

Les autres associés ne seront que commanditaires et, comme tels, engagés seulement jusqu'à concurrence du montant de leurs titres, sans pouvoir être jamais soumis à aucun appel de fonds ni à aucun rapport de dividende.

ART. 3. — Le but de la Société consiste en l'achat et la revente des immeubles situés en France, avec les combinaisons indiquées à l'art. 11 des présents Statuts.

ART. 4. — La durée de la Société sera de cinquante ans,

qui commenceront à courir du jour de la constitution de la Société, ainsi qu'il sera expliqué plus bas.

Art. 5. — La dénomination générale de la Société sera : Caisse générale de l'Agriculture.

La raison sociale sera : J. GUIMARD et Compagnie.

Le siége principal de la Société est fixé à Paris.

Fonds social. Titres.

Art. 6. — Le fonds social est fixé à TRENTE MILLIONS de francs ; il est représenté par trente mille titres, de mille francs chacun.

Ces titres seront numérotés de *un* à *trente mille*.

Ils seront extraits de registres à souches, et porteront la signature du Gérant et le timbre de la Société.

Art. 7. — Ces titres seront *nominatifs* ou au *porteur*, au gré des souscripteurs.

Les titres au porteur seront transmissibles par simple tradition du titre.

Les titres nominatifs seront transmissibles par la voie de l'endossement.

Le cédant et le cessionnaire devront aviser collectivement le Gérant, de chaque cession, et celui-ci devra immédiatement mentionner le transfert sur les souches.

L'effet du transfert sera de substituer le cessionnaire aux lieu et place et dans tous les droits et toutes les charges de son cédant.

Le transfert d'un titre comprendra la cession de tous les intérêts et dividendes échus et non délivrés.

Art. 8. — Chaque titre donnera droit :

1°. A un intérêt de 5 p. % payable d'année en année ;

2°. A un dividende proportionnel dans la répartition des bénéfices ;

3°. A une part proportionnelle dans le produit de la liquidation de la Société.

Art. 9. — Les trente mille titres seront émis contre leur valeur nominale par les soins du Gérant. Ils seront payables par fraction au fur et à mesure, et seulement jusqu'à concurrence des besoins de la Société. Le montant en sera versé chez les banquiers ou chez les notaires de la Société aussitôt qu'elle sera constituée.

La Société sera constituée aussitôt que *cinq cents titres* auront été pris. Cette souscription sera constatée par un acte dressé en suite des présentes qui, jusque-là, seront considérées comme projet, et les affiches et publications de la Société n'auront lieu que dans la quinzaine de l'acte à intervenir et constatant ladite souscription.

Le montant des titres sera versé dans le mois de leur appel entre les mains desdits banquiers ou notaires, à la charge par eux, s'ils en sont requis par le Gérant, d'en opérer le versement immédiat à la banque voisine de leur localité, où il sera ouvert un compte à ladite société. De son côté, le Gérant sera tenu de remplir les mêmes formalités toutes les fois qu'il aura entre les mains une somme excédant vingt mille francs provenant desdits titres.

Provisoirement il sera remis à chaque intéressé un récépissé, ou promesse, qui représentera le titre, et sur lequel les payements d'à-compte seront mentionnés.

Des Opérations de la Société.

ART. 10. — Les opérations de la Société ont pour objet l'achat de toutes les propriétés rurales situées en France, qui présenteront un bénéfice sur les reventes. Les achats seront faits au comptant.

Quatre combinaisons différentes seront adoptées dans ces reventes :

1°. Reventes au comptant ou avec à-compte indéterminé, et pour le surplus, un crédit qui ne dépassera pas six années ;

2°. Reventes avec partie comptant, et pour le reste, dix années de terme payable en dix annuités ;

3°. Reventes avec ou sans à-compte ; quinze ans de

crédit, payable en quinze annuités, dans lesquelles pourront se confondre les intérêts;

4°. Reventes à vingt ans de crédit, payable en vingt annuités. — Ces deux dernières combinaisons étant particulièrement établies dans l'intérêt des classes pauvres, la Compagnie se chargera, en outre, de leur faire un bail de cheptel, afin de leur faciliter les moyens de cultiver la terre qui leur aura été ainsi concédée, et dont ils devront rester propriétaires incommutables.

ART. 11. — Les reventes n'auront lieu qu'à l'amiable, et quelquefois à l'enchère, avec le concours des notaires de la Société. Les fonds qui en proviendront seront versés comme il vient d'être dit au troisième paragraphe de l'article 9.

ART. 12. — Le Gérant pourra, avec le concours de l'avoué de la Compagnie, lors des achats faits à la criée, et tandis qu'il est ouvert un ordre pour le payement des créances hypothécaires sur l'immeuble acheté, s'entendre avec les porteurs desdites créances, transiger avec eux, et acheter leurs titres en se subrogeant à tous leurs droits, en observant toujours de procurer, par ces opérations, des bénéfices à la Société.

Intérêts, Bénéfices.

ART. 13. — Les bénéfices se composeront des excédants des recettes sur les dépenses après le payement de tous les frais et de toutes les charges quelconques de la Société.

ART. 14. — Sur ces bénéfices il sera prélevé 5 p. % du montant des sommes versées, qui seront répartis entre les intéressés à titre d'intérêt.

ART. 15. — Le reste des bénéfices sera partagé comme suit :

1°. Un quart des bénéfices au Gérant, qui n'aura pas d'autre traitement ;

2°. Le surplus partagé entre les intéressés à titre de dividende, dans la proportion de leurs droits.

Gérant, Signature sociale et Comptabilité.

ART. 16.—M. GUIMARD est seul Gérant responsable de la Société.

Il aura seul la signature sociale; il n'en pourra faire usage que pour les affaires de la Société.

ART. 17.—Il aura indépendamment des pouvoirs qui appartiennent de droit commun au Gérant de Société en commandite, tous ceux que nécessitent et comportent les intérêts de la Société, tels qu'achats, reventes, baux, administration des immeubles.

ART. 18. — Le Gérant ne pourra dans aucun cas faire d'emprunts pour le compte de la Société, ni engager ou hypothéquer aucun de ses immeubles.

ART. 19. — Le Gérant, en cas de maladie, aura la faculté de s'adjoindre un Sous-Gérant auquel il déléguera les pouvoirs nécessaires à la passation des actes d'achats et ventes, à la charge par lui de demeurer responsable envers la Société.

ART. 20. — Le Gérant assistera de droit, avec voix consultative, à toute assemblée du Conseil de surveillance et du Conseil général.

Il pourra également convoquer ces deux assemblées ordinairement et extraordinairement, toutes les fois qu'il le jugera convenable et nécessaire aux intérêts de la Société.

Il sera tenu de communiquer à tous les intéressés les renseignements dont ils pourront avoir besoin relativement à la gestion de la Société.

ART. 21.—Le Gérant ne pourra être révoqué que pour cause de malversation.

ART. 22. — Le Gérant, en cas de retraite volontaire pendant la durée de la Société, aura la faculté de présenter un successeur offrant à l'assemblée générale toute garantie morale. La majorité décidera de son admission.

Du Conseil de surveillance.

Art. 23. — Pour surveiller la gérance, il existera un Comité composé de cinq membres pris parmi les intéressés propriétaires de quinze titres au moins ; ils devront en conserver la propriété pendant la durée de leurs fonctions, et les représenteront toutes les fois que le Gérant l'exigera. Ils seront nommés par l'assemblée générale annuelle, resteront un an en fonction, et pourront toujours être réélus.

Art. 24. — Chacun des membres de ce comité aura droit de surveillance dans les limites de la loi, et pourra, en tout état de cause, prendre connaissance de tous les livres, titres et papiers de la Société, sans qu'on puisse en induire aucune responsabilité de sa part.

Art. 25. — Toutes les fois qu'ils auront agi en leur dite qualité, ils seront indemnisés de leurs dépenses et frais de déplacement. Leurs fonctions seront d'ailleurs gratuites ; seulement, ils pourront avoir des jetons de présence.

Art. 26. — Les membres du Conseil de surveillance désigneront celui d'entre eux qui sera chargé de correspondre plus particulièrement avec le Gérant, de recueillir et recevoir les documents et notes nécessaires pour la rédaction du rapport qui devra être présenté au nom du Conseil de surveillance à l'assemblée générale annuelle.

Art. 27. — Les délibérations du Conseil de surveillance seront prises à la majorité simple des membres présents. Il se réunira soit au siége de la Société, soit ailleurs ; mais il devra toujours être utilement convoqué par le président, ou le principal délégué.

Art. 28. — Dans le cas où l'un des membres du Conseil viendrait à décéder, il sera pourvu à son remplacement provisoire par les membres restants, et jusqu'à la première assemblée générale.

Le Conseil de surveillance pourra, dans des cas graves

et en cas de refus ou d'empêchement du Gérant, convoquer l'assemblée générale.

Toutes les délibérations du Conseil de surveillance seront consignées sur un registre tenu à cet effet.

Assemblée générale des intéressés.

Art. 29. — L'assemblée générale se compose de tous les intéressés présents. Elle sera valablement constituée quel que soit le nombre des membres qui y assisteront.

Elle sera convoquée, chaque année, dans les trois mois de l'inventaire; plus souvent si les besoins de la Société l'exigent; et spécialement dans le mois de la mise en activité de la Société, constatée comme il est dit en l'article 9, et qui, en outre, sera annoncée par une circulaire du Gérant.

Elle se réunira au domicile de la Société, ou dans tout autre local que le Gérant fera connaître à l'avance aux intéressés.

Chaque intéressé sera convoqué quinze jours au moins à l'avance, par lettre du Gérant et par insertion faite dans les journaux d'annonces judiciaires.

Art. 30. — L'assemblée générale, sous la direction du plus ancien des membres présents du Conseil de surveillance, élira son président et son secrétaire par acclamation. Cette élection sera faite au scrutin secret, s'il est réclamé par vingt intéressés.

Art. 31. — Les résolutions seront prises à la majorité relative des intéressés présents, quel que soit le nombre des absents.

Les votes seront par chaque titre pour une voix, sans qu'aucun intéressé puisse réunir plus de dix voix.

On ne pourra se faire représenter par mandataires autres qu'un intéressé.

Art. 32. — L'assemblée générale reçoit communication de l'inventaire; elle entend les comptes du Gérant, son rapport et celui du Conseil de surveillance. Elle peut nommer une Commission spéciale pour la. vérification des écritures.

Art. 33. — Si quarante intéressés porteurs de dix titres nominatifs, dont ils seraient propriétaires depuis plus de trois mois, désiraient une convocation extraordinaire de l'assemblée générale, le comité de surveillance et le Gérant seraient tenus d'y déférer, sans cependant qu'il puisse y avoir par année plus d'une convocation de ce genre.

Art. 34. — Les délibérations de l'assemblée générale seront transcrites sur un registre spécial, et signé par le président, le secrétaire et le Gérant. Les extraits des procès-verbaux seront certifiés par ce dernier, ou par un des membres du Conseil de surveillance.

Les délibérations de l'assemblée générale, régulièrement prises, seront obligatoires pour tous les intéressés, même pour ceux qui n'y auront pas concouru. — L'assemblée générale se réunira tous les ans, le 15 octobre, à midi; cette réunion aura lieu comme il est dit au dernier paragraphe de l'article 29 des présents Statuts.

Art. 35. — Indépendamment des attributions qui lui sont conférées par les articles ci-dessus, l'assemblée générale pourra, en cas de pertes, prononcer la dissolution de la Société.

Les décisions à ce sujet ne seront prises qu'à la majorité des trois quarts des voix, dans une assemblée composée de la majorité de tous les intéressés.

Dissolution et Liquidation.

Art. 36. — Lors de la dissolution de la Société, par l'expiration du terme fixé pour sa durée, la liquidation sera faite par le Gérant, assisté de deux commissaires choisis en assemblée générale parmi les intéressés.

Art. 37. — La réalisation des valeurs immobilières lors non encore liquides, aura lieu à la requête collective des intéressés et sans formalités de justice, sur double publication, aux enchères, en l'étude du notaire de la Société, hors le cas ou des reventes amiables présenteraient un bénéfice sur les acquisitions originaires, et ce, dans les deux années qui suivront la dissolution. Les fonds provenant de ces recouvrements, déduction faite des frais de liquidation et allocation au Gérant liquidateur, seront mis en répartition entre les intéressés aussitôt qu'il existera en caisse un dividende de cinq pour cent sur le montant des titres.

ART. 38. — La dernière répartition sera faite en assemblée générale, et l'approbation du compte final en cette assemblée, vaudra *quitus* de la gestion sociale.

Au surplus, tous les trois mois, le liquidateur rendra compte de la marche de la liquidation au Comité de surveillance, dont l'existence sera prolongée jusqu'à la clôture définitive des comptes.

Mutations et Décès.

ART. 39. — En cas de décès ou de retraite du Gérant, le Conseil de surveillance installera son Gérant provisoire, et la première assemblée générale qui suivra nommera un Gérant définitif. — Dans ledit cas de retraite ou de décès, le Gérant ou ses ayants-cause, non plus que ceux d'un intéressé quelconque décédé, ne pourront requérir l'apposition des scellés sur les effets mobiliers de la Société. Les héritiers des intéressés seront tenus de s'en rapporter au dernier inventaire pour la fixation de leurs droits, et les héritiers du Gérant, ou personnellement le Gérant lui-même, ne pourront exiger autre chose qu'un arrêté commercial des écritures à la cessation des fonctions de ceux-ci, et un inventaire fait à cette date.

Dispositions générales.

ART. 40. — Dans le cas où il serait reconnu nécessaire d'apporter des changements ou modifications aux présents Statuts, il n'y pourra être procédé que dans une assemblée générale composée de la majorité de tous les intéressés, et par une délibération prise à la majorité des trois quarts des membres présents.

Art. 41. — Les difficultés, de quelque nature qu'elles soient, qui pourront s'élever entre les intéressés, seront soumises à la décision de deux arbitres nommés par les parties. Ces arbitres, en cas de partage, auront le droit de s'adjoindre un tiers, et dans le cas où ils ne s'accorderaient pas sur son choix, il sera nommé à la requête de la partie la plus diligente par M. le président du tribunal de première instance de la Seine.

Les deux arbitres, en se réunissant au tiers arbitre, constitueront le tribunal arbitral, et délibéreront en commun.

Ils prononceront comme amiables compositeurs, et seront dispensés de suivre les formes et les délais de la procédure; leur sentence ne pourra être attaquée par voie d'appel, de recours en cassation, de requête civile.

Art. 42.—Dans ses contestations avec un ou plusieurs intéressés, la masse des intéressés sera représentée par le Gérant, et dans ses contestations avec le Gérant, elle sera représentée par le Conseil de surveillance.

Art. 43. — Tout porteur ou propriétaire d'un ou plusieurs titres, sera par ce seul fait réputé avoir adhéré purement et simplement aux Statuts du présent acte, en avoir pris connaissance, et il y sera en conséquence obligé, comme s'il l'avait souscrit ou y avait adhéré par un acte formel.

Art. 44. — Il y aura un conseil judiciaire près chaque Cour royale de France; lorsque les membres du Conseil se réuniront, ils recevront un jeton de présence. Ce Conseil se composera, pour la Cour royale de Paris, d'un avocat au conseil du Roi et à la Cour de cassation; d'un avocat à la Cour royale, d'un avoué à la Cour royale, d'un avoué près le tribunal de première instance, d'un agréé près le tribunal de commerce, et d'un notaire.

Dans les autres Cours royales, la composition de ce

Conseil se rapprochera autant que possible de celle e
Paris.

Art. 45. — Toutes les dépenses à faire pour constitu
la Société, les frais de voyages, imprimés, timbre, hon
raires du notaire, traitement des employés, etc., etc
seront et demeureront à la charge de la Société.

DONT ACTE,

Fait et passé à Paris, en l'étude de Me Huet, sur mo
dèle représenté et rendu, l'an mil huit cent quarante-deux
le onze mai.

Et le comparant a signé avec les notaires, après lectur

[*Signé*] J. GUIMARD.   [*Signé*] HUET, notaire.

Ensuite est écrit :

Enregistré à Paris, 6e bureau, ce 12 mai 1842, vol. 161
f° 17, v° C. 6. Reçu cinq francs ; et pour décime, cin
quante centimes.

[*Signé*] BOURGEOIS.

Suivant acte reçu par Me HUET et son collègue, notaires
Paris, en date du 18 octobre 1842, dûment enregistré, la Sociét
a été définitivement constituée, cinq cents actions ayant été sou
scrites, ainsi qu'il était prévu par l'art. 9 des Statuts.

DE LA DIFFÉRENCE

qui existe

ENTRE LA SOCIÉTÉ EN COMMANDITE ET LA SOCIÉTÉ ANONYME.

Dans ces derniers temps, les Compagnies anonymes ont beaucoup spéculé sur le discrédit qui a frappé la Commandite, et le public, en général, peu soucieux de remonter aux causes du mal, n'envisage souvent que les effets, et vient, sans s'en douter, grossir des récriminations intéressées. Il y a donc nécessité de ne pas laisser peser plus longtemps sur une institution utile, d'injustes reproches. Établir un parallèle, c'est restituer à chacune de ces Sociétés les garanties réciproques qu'elles offrent au public.

La Société en commandite se contracte entre un ou plusieurs associés responsables solidaires, et un ou plusieurs simples bailleurs de fonds, que l'on nomme commanditaires ou associés en commandite. Les noms des associés responsables et solidaires figurent seuls dans l'acte de Société, et seuls aussi peuvent faire partie de la raison sociale. La gestion leur est exclusivement réservée. Par rapport à eux, la Société entraîne tous les effets de la Société en nom collectif; quant aux associés commanditaires, ils ne sont passibles des pertes que jusqu'à concurrence des fonds qu'ils ont mis ou dû mettre dans la Société.

La Société anonyme n'existe point sous une raison sociale; elle n'est désignée sous le nom d'aucun des associés ; elle est qualifiée par la désignation de l'objet de l'entreprise. Tous les associés indistinctement ne sont engagés que jusqu'à concurrence de leur mise convenue, comme dans la Société en commandite. Elle est administrée par des mandataires à temps, révocables, associés ou non associés, salariés ou gratuits, qui ne contractent, à raison de leur gestion, aucune obligation personnelle, ni solidaire relativement aux engagements de la Société, et qui ne sont responsables que de l'exécution du mandat qu'ils ont reçu.

C'est à peu près dans ces termes que le Code règle l'association commerciale. En interprétant ces dispositions générales et en les éclairant de ce qui se passe dans la pratique, on peut voir que la Société en nom collectif et en commandite est à la fois une association de capitaux et de personnes. C'est l'expression la plus rationnelle de la Société commerciale. Ce qui la rend telle, c'est moins la responsabilité solidaire encourue par ses membres, que l'obligation qui leur est imposée d'unir leurs noms dans une publicité commune.

La Société anonyme, qui semble placée dans un ordre différent, nous offre, au contraire, l'image d'une simple association de capitaux, les associés n'intervenant personnellement que pour nommer leurs mandataires et se faire rendre compte, à certains intervalles, de l'emploi de leurs fonds. La Commandite est à peu près dans ces mêmes conditions, c'est une espèce de Société mixte.

Il suffit pour les Sociétés en commandite, qu'une fois pour toutes, les commanditaires aient adopté les vues de leur gérant, et que son caractère réponde de la fidélité de sa gestion.

L'association en commandite est indispensable ; on pourrait se passer facilement d'une Société anonyme ; mais on ne pourrait pas se passer d'une Commandite. Supposons qu'un homme ait des connaissances, des titres particuliers et irrévocables à la direction d'une entreprise, soit parce qu'il en est le premier fondateur, soit qu'il possède une capacité spéciale pour la gérer, et que cette entreprise soit susceptible de produire de grands profits, à quelle forme de Société pourra recourir l'inventeur pour attirer les capitalistes ? Ce ne sera pas assurément à la Société en nom collectif ; car pourquoi appellerait-il des tiers à la direction d'une industrie dont il possède seul le secret? Pourquoi établir une solidarité d'actes là où la solidarité n'est pas possible? — Il ne choisira pas davantage la Société anonyme, dans laquelle il faudrait que l'inventeur s'abdiquât lui-même, tous les associés étant égaux ; tandis que la Société n'existant que par lui et à cause de lui, le titre de chef lui appartient de droit.

Si, au contraire, les associés possèdent des droits à peu près égaux, que nul ne se recommande d'une manière particulière et exclusive comme le gérant de l'entreprise ; que cette fonction peut être indifféremment dévolue à tel ou tel d'entre eux, ou si la Société s'est formée sans l'intervention nécessaire d'un fondateur, c'est là le cas d'une Société anonyme.

D'un autre côté, l'industrie s'allie peu avec la science du droit, et il peut se rencontrer assez souvent des hommes très-capables, très-expérimentés par une longue habitude des affaires, qui veulent soumettre au Conseil d'État un projet duquel ils attendent d'heureux fruits, ayant la certitude de le faire accepter par les capitalistes, et, au moment où ils espèrent le plus, ils voient rejeter leur projet par des jurisconsultes fort instruits sans doute, mais fort étrangers, par la nature même de leurs travaux, à l'intelligence des affaires commerciales et industrielles. Joint à cela la nécessité d'un capital réalisé, des lenteurs interminables, beaucoup de temps perdu, enfin toutes choses faites pour décourager profondément d'une pareille mesure.

Si on supprimait en France la Société en commandite, que resterait-il de l'association en grand ? Rien qu'un petit nombre de Sociétés anonymes dont la quantité est nécessairement bornée, comme on l'a vu, par les conditions rigoureuses de leur formation. Détruire la Commandite, c'est enlever tout l'espoir des grandes entreprises; car elle seule parmi nous joint à l'avantage d'une formation libre celui de pouvoir s'étendre sur une large échelle.

La Société anonyme n'offre pas aux tiers la garantie d'une responsabilité personnelle. Elle est un être composé qui ne se personnifie en aucun homme, et qui est représenté vis-à-vis des tiers par des mandataires élus; c'est précisément pour cette raison qu'elle offre moins de garanties, en ce sens que les directeurs n'ayant qu'une mission temporaire, étant révocables, leurs intérêts n'étant pas liés au succès de ses opérations, ils sont moins intéressés à user de circonspection et de prudence pour éviter les chutes; ils ne peuvent avoir le même intérêt que celui qui est lié par sa fortune et par son avenir à la prospérité d'une entreprise. Dans les Compagnies anonymes, le capital est introuvable, c'est-à-dire que la valeur représentative des sommes versées ne pourrait pas être justifiée à la première réquisition; tandis que dans certaines Compagnies en commandite on ne rencontrerait pas cet inconvénient, et celles-là peuvent assurément soutenir la comparaison avec les Sociétés anonymes; ce n'est pas la présence d'un commissaire royal plus ou moins zélé qui peut ajouter à la confiance et à la sécurité.

TABLE DES MATIÈRES.

Impr. PANCKOUCKE, rue des Poitevins, 14.

www.ingramcontent.com/pod-product-compliance
Lightning Source LLC
Chambersburg PA
CBHW061252060726
47596CB00002B/556